世界 500 强企业

绿地集团
室内作品

LANDECO

绿地集团 编著
陈　俊 策划

江苏凤凰科学技术出版社

目 录
Contents

004   苏州绿地中央广场售楼处

012   合肥绿地中心售楼处

016   南通新都会售楼处

020   南京南站绿地之窗售楼处

028   昆明香树花城售楼处

032   上海海域·苏河源售楼处

038   贵阳绿地新都会售楼处

046   成都 468 公馆售楼处

052   武汉绿地之窗售楼处

058   上海北外滩中心售楼处

064   上海海珀·璞晖售楼处

070   长沙金融城售楼处

078   绿地黄山售楼处

084   上海绿地派克公馆售楼处

090   上海金山吕港售楼处

096   杭州绿地中央广场售楼处

102   重庆绿地·海外滩售楼处

110   南宁绿地中心售楼处

118   乌鲁木齐绿地中心售楼处

124   南昌海域·香廷售楼处

130   上海海珀·日晖售楼处

138   大兴西斯莱公馆售楼处

148   成都海珀·香廷售楼处

160   盐城商务城售楼处

168 重庆绿地自由贸易港城售楼处

174 西安绿地中心售楼处

180 合肥内森庄园

188 苏州华尔道名邸别墅

194 贵阳伊顿公馆别墅 B 户型

200 重庆海外滩二期洋房 A13 户型

206 合肥绿地中心 A 户型

210 重庆海域·澜屿洋房 A1 户型

216 南昌玫瑰城高层 A1 户型

222 合肥滨湖印象 A 户型

226 上海海域·笙晖

232 济南卢浮公馆 B 户型

236 西安海珀·兰轩 A 户型

240 西安海珀·兰轩 B 户型

246 西安海珀·兰轩 C 户型

250 西安浐灞三合院

258 武汉新都会别墅

266 西安海珀·香廷

270 山东绿地普利中心

276 郑州高铁·绿地之窗 D3

282 南昌紫峰大厦

292 济南绿地缤纷城

298 上海卢湾 917 精品办公

304 南京绿地之窗办公

308 绿地杭州大关路 1 号办公楼

苏州绿地中央广场售楼处

事业部：绿地集团苏南事业部
甲方管控：高秋

主要材料

木纹大理石、啡慕斯大理石、合成透光石、白色石子、钛金不锈钢、深褐色乳胶漆、金色氟碳喷涂、喷亮光漆、皮质硬包、铜、喷绘墙纸

设计灵感及理念

以"多重流线设计"为核心理念，在售楼处外部设计两个入口，在售楼处内部形成四条参观线路，丰富参观体验。在材料的选择上使用了木纹洞石、氟碳喷涂金属格架、木饰面等；格栅、屏风等的运用，使空间隐约流露出东方韵味。

项目介绍

苏州绿地中央广场项目位于苏州科技城中心位置，紧邻太湖大道、科研路，面向诺贝尔湖，远眺大阳山，属于生态宜居，福祉盈门的宝地。而坐落于二号住宅地块的售楼处正处于项目中开门见山、近水楼台的极佳位置。售楼处的面积约2140平方米，共二层，层高4.5米。一层为住宅销售区域，二层为商业销

售区域。主要装修材料为木纹洞石、氟碳喷涂金属格架、木饰面、墙纸及地毯。

因为售楼处位置优越，与旁边诺贝尔湖公园接壤，所以在设计样板段参观流线时，把公园与售楼处用天桥连接在一起，这样售楼处便出现了两个主入口。曾考虑住宅与商业销售参观流线的因素，通过排列组合，研究出四条参观线路。可惜最后因规划原因，取消了天桥设计，未能实现立体式参观体验。但是"多重流线设计"的理念已经成为我们今后售楼处平面布置的研发课题之一。4.5米的层高对于裙房商铺而言是标准层高，但对于售楼处就显得比较局促；梁较大，主梁达到75厘米，次梁达到65厘米，所以装饰最高点按贴梁设计为3.8米，再加上空调风管的高度，最低点达到3.4米。于是我们在布置空间的时候，把人行走的参观区域、模型区域设置在中间（3.8米净高位置），静止座谈区域放置在四周（3.4米净高位置），形成一个回字形设计，这样可以给人以同一视觉高度上的感受，不至于因为高度变化而产生压抑感。

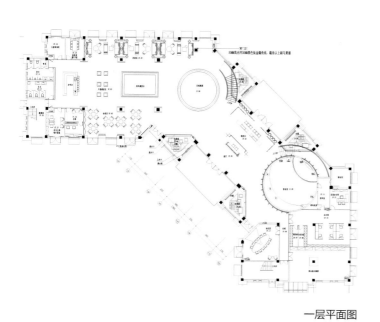

一层平面图

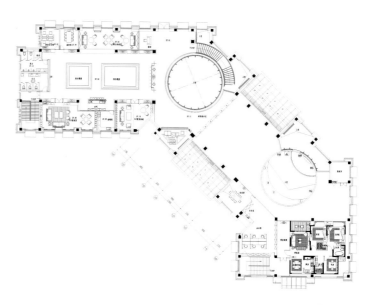

二层平面图

合肥绿地中心售楼处

事业部：绿地集团安徽事业部
甲方管控：颜丽

设计灵感及理念

用 Art Deco 风格诠释奢华定位。通过大理石、水晶灯及高光红影木的搭配营造奢华大气之感。充满动感的水晶吊灯为这个空间增加了许多活力，其飘逸的线条使中轴对称的空间不至于太过严肃。

项目介绍

此售楼处采用现今流行的 Art Deco 风格来诠释室内空间。装饰定位为类似奢侈品卖场风格。墙面以意大利木纹大理石、极具构成感的铜质屏风为主要设计元素，高光红影木饰面元素来自爱马仕专卖店风格。充满动感的水晶吊灯为这个空间增加了许多活力，使整个售楼处既大气奢华又设计感十足。布局上正门模型台与销控台为中轴对称布置，加上铜质屏风直通到顶的竖线条，使这个空间仪式感极强。但是水晶吊灯的灵动线条又使空间不至于太过严肃。墙面上各种形式的灯箱布置，充分满足了多样营销的销售需要。水吧台铜皮折弯的造型与通透的酒柜使水吧区奢华大气又轻松惬意。

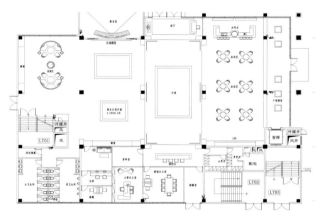

一层平面图

二层平面图

南通新都会售楼处

事业部：绿地集团苏南事业部
甲方管控：高秋

主要材料

天然大理石、高级钢琴烤漆板、高级石材马赛克拼花、整体型钛金空调风口、手工铁艺花架、进口高级壁纸、高级乳胶漆

设计灵感及理念

"形散神聚"——用现代的手法和材质打造古典气质。模型区设置 16 根直径 50 厘米的罗马柱，两边有 1.7 米宽的侧廊。从进门门厅到模型区中轴对称布置，俨然是凡尔赛宫的翻版。

项目介绍

新都会售楼处位于南通人民路与通京大道交界处，地理位置优越，交通便利。此建筑分为两层，一层为售楼中心，二层为城市公司项目人员办公区。

新都会售楼处在设计之初定位为既能体现文化又能与现代潮流结合的欧式新古典主义。新古典主义风格注重的是对古典主义的传承及提炼，讲究的是"形散神聚"。在注重装饰效果的同时，用现代的手法和材质打造古典气质，新古典主义风格具备了古典与现代的双重审美效果，完美的结合也让人们在享受物质文明的同时得到了精神上的慰藉。"使宾客最大限度地得到满足，得到最优质的服务，从精神上到物质上"也成为售楼处概念设计的宗旨。

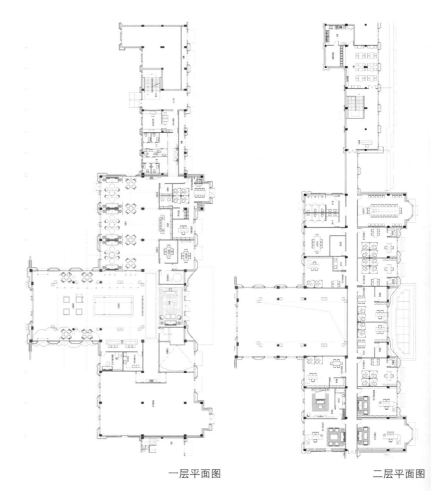

一层平面图   二层平面图

南京南站绿地之窗售楼处

事业部：绿地集团苏南事业部
甲方管控：杨晓娟

设计灵感及理念

设计以黑、白色作为主色调。白色烤漆板、拉丝黑钛不锈钢与黑镜等材料之间对比、穿插与渗透。现代中式的格栅吊顶，铁艺隔墙，深色地面和白色地面的对比赋予了整个展示中心韵律与美感，给人强烈、华美的视觉印象。

设计概要

整个售楼处分为三层，其中一层为售楼大厅，二层为影视及办公区，三层主要为展示及接待区。售楼处一层挑高的双层空间用来作为售楼处的模型展示区，精致大气的人工吊灯和精心打造的大理石地面如水晶般晶莹耀眼。在明亮的灯光映衬下整个售楼空间显得辉煌而大气。设计以黑、白色作为主色调。白色烤漆板、拉丝黑钛不锈钢、黑镜，黑白对比鲜明，再加之深色的木质竖向线条，为整个空间增添了几分设计感。

洽谈区中间的水吧台设计，不仅满足功能需求，而且是一个视觉中心。水吧台顶部的黑镜使整个空间既幽雅又有层次，而恰到好处的软装设计，则使整个空间大气且有文化内涵。

通过悬空式的现代楼梯上至售楼处二层的世界顶级视听影视空间——全息影视大厅，您可以全面地了解绿地的文化及南站的整个项目设计规划。上至三层就进入整个售楼处的亮点"展示中心"，这里介绍了整个苏南事业部在不同城市的优秀项目。

一层平面图

二层平面图

三层平面图

　　设计管控：对于一个快速推进的项目而言，最大的挑战不在于项目本身，而在于如何整合资源。本项目室内设计单位为上海飞视，建筑设计单位是ＵＡ国际，施工单位是上海新都装饰，在整个售楼处设计启动之前室内设计就提前介入了，将以后影响室内空间的建筑梁体和结构及时在建筑设计时考虑进去，尽力调整到位。另外，售楼处将作为商业单元出售，我们设计时考虑了出售后的业态，如果作为企业会所、餐饮、商业等业态，基本室内和建筑是不需要大的调整的，从建筑到室内的设计都是为了提高以后售楼处的溢价空间。所以设计管控人员不仅要从美观和功能上把控，更重要的是给予售楼处尽量多的溢价空间。

　　空间意境：明月如霜，凉风如水。庭院中翠竹依阶低吟，挺拔劲节，既有梅花凌霜傲雪的铁骨，又有兰花翠色长存的高洁，它那劲节、虚空、萧疏的个性，使人在其中充分体味君子之风。它的"劲节"，代表不屈的气节；它的"虚空"，代表谦逊的胸怀；它的"萧疏"，代表超凡脱俗。

　　成本管控：苏南事业部对于项目成本的把控极其严格，众所周知，"一分价钱一分货"是个不变的规律，如何利用好有限的成本是整个项目的难点，对设计管理人员的综合素质也是极大的考验，所以此次设计管控中我们对设计图纸进行了仔细的分析：

　　1.将原设计中使用量大的材料进行了替换，在保证效果的同时降低了成本。

　　2.对施工工艺进行把控，在保证强度的情况下简化工艺。最后整个售楼处的硬装成本降低至2500元／平方米。

昆明香树花城售楼处

事业部：绿地集团原云贵事业部
甲方管控：王斌

主要材料

啡慕斯大理石、秋香色氟碳喷涂、壁纸、皮革

设计灵感及理念

以曲线贯穿整个设计，大量使用圆形和椭圆形的线条，使整个空间更加贯通、流畅。

项目介绍

香树花城售楼处位于昆明市主城西北部五华区泛亚科技新区。设计中以曲线贯穿整个设计，大面积地运用圆形和椭圆形的线条，使整个空间更加贯通流畅。为了营造富丽堂皇的视觉效果，顶面上使用了金箔。销控台的设计给人耳目一新的感觉，它使用圆形的图案，但整个肌理感却大不相同，富丽堂皇中又夹带了一丝时尚大气。圆形的模型台与吊灯互相辉映，简单而不失大气。竖条装饰格栅与建筑幕墙装饰竖向杆件交相呼应，使外墙与室内空间联系起来，更体现出售楼处内外归一、和谐大气的设计理念。软装上的配置更是延续了整个设计的基调，大量的弧形线条家具突显出皇家的贵气，使整个空间富丽堂皇的同时又满足了空间的功能要求。

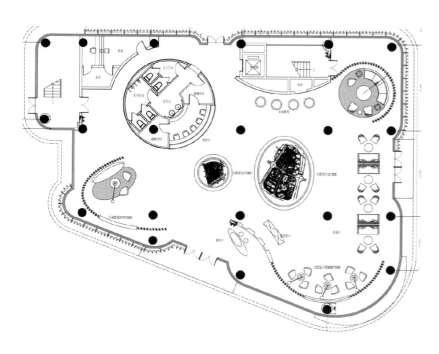

一层平面图

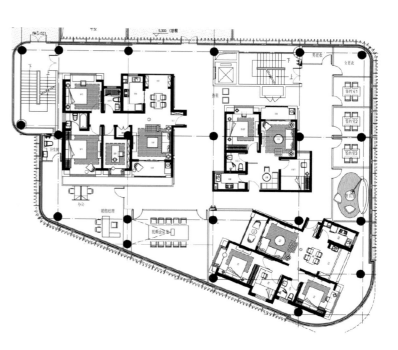

二层平面图

上海海域·苏河湾售楼处

事业部：绿地集团事业一部
甲方管控：鲍荣卉、孙建苓

设计灵感及理念

　　定位为海派风格，以八角形元素贯穿空间，形成鲜明的空间序列。在空间色彩与造型上，融入德国古典主义精神，营造出一个风格鲜明的空间系列。

项目介绍

　　本项目的风格定位是海派风格。在设计之初，我们把对平面的考虑作为设计核心。平面不仅界定功能与动线的关系，还影响整个空间的氛围。此外，对于这个两侧挑空对称的长形空间，功能的转换与过渡会很多，如何处理这个问题，关乎设计的成败。在对空间进行论证之后，设计师们最终选定以八角形的平面形式来规划空间。八角形有两个优势，一是它的绝对对称性，二是八个界面在功能运用上的灵活性。在八角形的转换与延伸中，丰富了空间的节奏序列。而在空间色彩与造型上，设计师忠实地还原了海派风格的装饰设计元素，氛围上融入德国古典主义精神，营造出一个风格鲜明的空间系列。

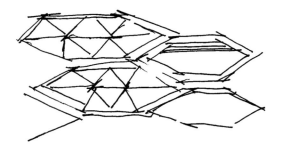

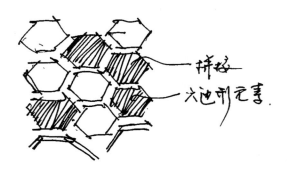

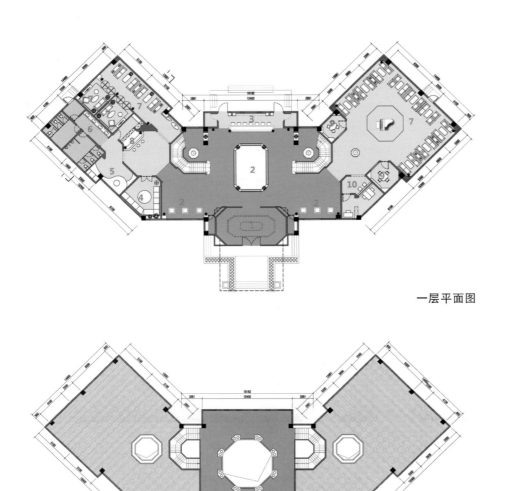

一层平面图

二层平面图

贵阳绿地新都会售楼处

事业部：绿地集团原云贵事业部
甲方管理：徐同伟

设计灵感及理念

　　以云贵高原独特的地形地质特征为设计元素，给人特别的参观体验和感受。空间墙面多为倾斜布置，转角处过渡柔和。空间与材质明暗对比强烈。三角形的开孔处，透出点点光亮，让人仿佛置身于山体溶洞之中。

项目介绍

　　贵阳是一座"山中有城，城中有山，绿带环绕，森林围城，城在林中"的具有高原特色的现代化城市。处在高原上且纬度低，"冬无严寒，夏无酷暑"，有"第二春城"的美誉。为典型的喀斯特地貌，以石林、峰丛、峰林和孤峰、溶沟石芽为主要的地表形态。

　　云贵高原上石灰岩分布面积广、厚度深，在地质作用（板块的挤压作用，处于第二阶梯与第一阶梯的交界处）、水溶的化学反应下以及自然力（如风、雨等）的长期作用下出现地无三里平的现象。在贵州几乎可见到岩溶区所有的地貌形态类型，地表有石芽、溶沟、漏斗、落水洞、峰林、溶盆、槽谷、岩溶湖、潭、多潮泉等，地下有溶洞、地下河（暗河）、暗湖。

　　我们希望利用这里天然的地形地貌特征，通过室内空间的表现手法给人一种特别的参观体验和感受。

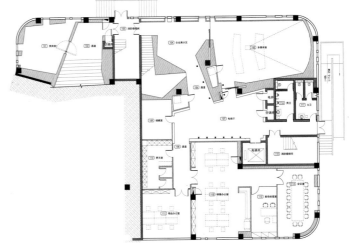

一层平面图

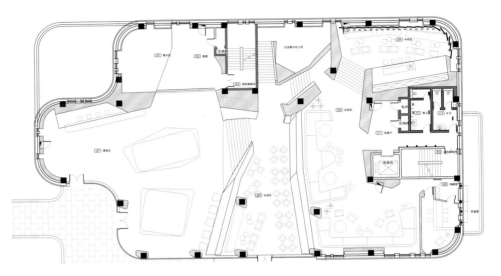

二层平面图

在售楼处的内部采用阶梯，在特定的高度采用回廊连接，使整个空间貌似一个大溶洞，在不同的高度感受闪闪发光的钟乳石，再通过不同位置的开洞进入内部，充满戏剧性，带给参观者特别的感受。不同大小和高度的楼梯相互连接，于是空间自然流畅地连接在一起，这样参观者可站在不同的高度以不同的视角体验空间的交错。我们首次尝试将模型区、洽谈区、水吧区逐层分离，同时它们又相互影响，LED 发光墙是这次空间塑造的亮点，大面积的墙面闪闪发光，细腻自然，使整个空间好像是通过某种魔力自然生成的。

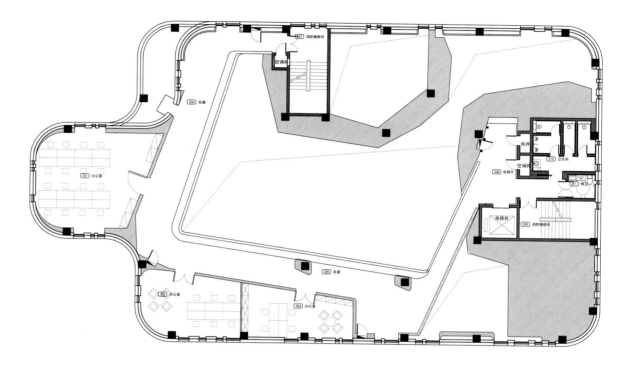

三层平面图

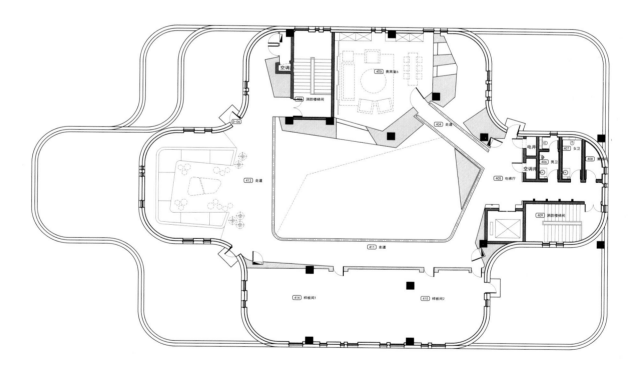

四层平面图

空间材料上以白色 GRG 材料为主，金属和木头以建筑的手法出现在特别的体块上。两条发光灯带像悬浮在空中的天梯一样让整个溶洞上空不再寂寞。水吧区的入口像被两块巨石挤压出来的狭长走道，进入之后豁然开朗，大面积的金属网墙面和金色的吊灯在灰色的映衬下现代而华丽。

成都 468 公馆售楼处

事业部：绿地集团西南事业部
甲方管控：周绍京

设计灵感及理念

　　室内在空间构成和形体上以四川的溪流为设计概念，以 GRG 材料作为实现手段，表现出造型的柔和和特别的动感。设计首次将木饰面和钛金板结合在弧形的异形结构体上，使原本纯白的空间更温暖。

项目介绍

　　通过研究地形的特点，把它运用到室内空间的表皮上，让墙面的肌理像梯田一样重叠和分开，从而形成销控台、背景墙、座凳甚至天花的造型，让室内空间具有自身的动感韵律。

　　在地面的设计上，我们将地形的特点运用在地砖的铺贴形状上，两种不同深浅的地砖通过形态上的变化，使它和空间形成特殊的投影关系。空间中的柱子，非常有张力，支撑着整个空间，具有雕塑般的效果。

　　通过 GRG 材料表现出造型的柔和和特别的动感，像一块布在轻轻滑动，像水波纹轻轻荡漾，像梯田一样层层叠叠；希望把四川的美丽景色通过室内的造型表现出来。

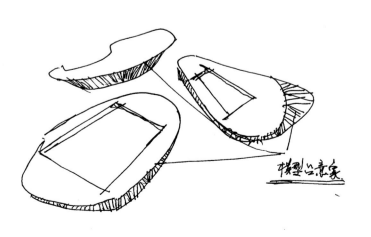

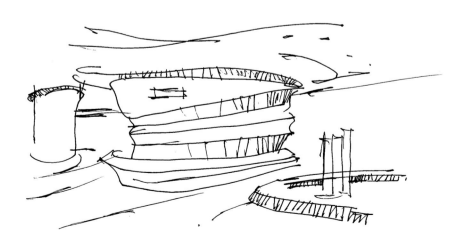

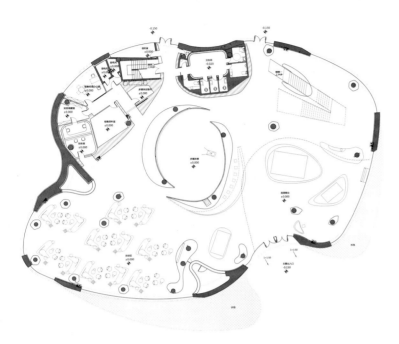

一层平面图

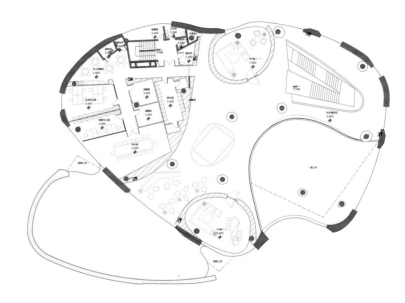

二层平面图

在空间划分上，多媒体室被放在核心的位置，进出口在动线上被分割开来，卫生间和后场办公区放在距离主入口最远的位置，整个模型区是空间里最重要的地方，销控台、水吧台和通往二层的楼梯环绕在模型区周围，以让客户在这些动线上能感受到在销售模型的魅力。二层作为一层销售的辅助楼面，特别设立了两个 VIP 室以便与一些高端客户洽谈，并能通过挑空俯视整个模型区。

空间材料上，白色 GRG 材料成为主体，金属和木头以建筑的手法出现在特别的体块上。发光灯体悬浮在空间的各个层面。白色的 GRG 材料加上胡桃木和温暖的钛金板创造出不同的造型和明暗关系。

灯光方面，使用了发光灯带和向下的射灯，射灯星星点点，悬在每一条浮动的白色带子上。白色的大楼梯在星星点点的灯光下，像一个巨大的雕塑悬浮在空中……

此项目把建筑设计和室内设计充分结合起来，像雕塑一般矗立在东村。室内在空间构成和形体上以四川的溪流为设计基础，采用 GRG 作为实现手段，并首次将木饰面和钛金板结合在弧形的异形结构体上，使原本纯白的空间更温暖。

所有的灯具通过 GRG 材料完全嵌入吊顶，让灯具轮廓不再突显。从建筑外看室内，所有的线条都是圆滑、流线型的。在软装的配置上，采用金色来提亮空间，家具也选择具有雕塑感形态的，做到与空间完美结合。

武汉绿地之窗售楼处

事业部：绿地集团武汉事业部
甲方管控：马龙

设计灵感及理念

　　将柔美的弧线与充满力量感、速度感的立体形态完美结合，在刚与柔的穿插交错中产生不一样的视觉美感。空间内主要使用了白色GRG材料，从顶面延续至墙面。局部空间配以深色木饰面，使空间节奏变化丰富。

项目介绍

　　该项目坐落于荆州火车枢纽站的出口，以独特的流线型建筑形态和高识别度成为绿地集团在荆州的"城市之窗"。整个建筑如蜿蜒的河流穿过原野，越过山丘，是如此柔美、灵动。为了结合室内外，我们大胆运用空间和几何结构，反映出都市建筑繁复的特质，柔美的弧线与立体形态刚柔并济，产生不一样的视觉美感。

一层平面图

二层平面图

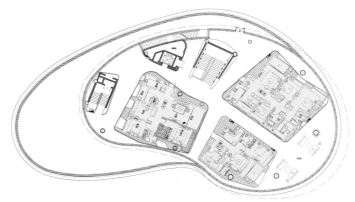

三层平面图

把整个空间最重要和人流量最大的模型展示区域放置在较大挑高空间中，通过墙面到顶面皮面的翻折、叠加、扭转来聚合双挑空的空间气场，让整个空间有个凝聚的焦点与中心，如水中涟漪般缓缓向四周扩散延展。

形成较有力的视觉中心后，白色的 GRG 材料几乎占据了大部分的空间，为了中和材料的特性，在特别的体块上运用了金属和木质材料。

灯光方面，除了发光灯带外还使用了向下的射灯，射灯设置在每一条浮动的白色带子上。室内，所有圆滑流动的线条都映衬着点点射灯，如同阳光照射在湖面上，波光粼粼，这在解决灯光问题的同时，也让室内外完美结合。

上海北外滩中心售楼处

事业部：绿地集团事业二部
甲方管控：俞美茹、胡红霞

设计灵感及理念

    售楼处室内设计的主题为"精工细作的品位"。为了让客户感到物有所值而又富有个性品位的奢侈，突显优质的办公产品，使用了黑、白两种石材的对比运用，不同材料的拼花形式，工艺玻璃、皮质软硬包造型，以及精致的小金属条收边，处处体现精工细作的主题。

项目定位

    售楼处结合项目定位"新奢华"，是让客户感到物有所值而又富有个性品位的奢侈。主要销售办公、商业产品。产品销售后统一配以管家式管理服务。

    产品诉求："新奢华"时代的售楼处试图传达办公产品是优质生活的重要体现之一，正面临前所未有的大众化。

    客户定位：依托北外滩航运中心资源，以三次置业的投资客为主。

    设计风格：现代、低调、独特、时尚。

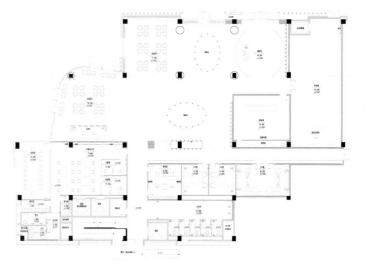

一层平面图

绿地北外滩中心位居北外滩滨江一线双轴核心，稀缺的地理位置注定项目独特性无法被复制。以精致、艺术、技术、品味为标签的香奈儿 J12 成为设计的灵感。售楼处采用奢侈品大牌店的陈列方式，结合从腕表设计中提炼出来的纹样，让客户在参观行进中有种独特的体验，极力渲染出低调且独特的气质，彰显楼盘的时尚感。

售楼处设置在商业公共区域，原商业入口位于西侧，主入口门厅为三层挑空区域。室内设计根据示范区的特质，将售楼处入口改到建筑北侧，先抑后扬，并将室内白色石材延续到外立面，打造颇为精致的售楼处入口形象。整个空间以圆弧形造型为主，入口有强烈的仪式感，配合着不同的灯光进行展示。接待区层高约为 3 米，平民化的净高尺度瞬间拉近了人与人的距离，热情的接待人员引领客户进入影音室，超大超宽的投影屏幕以及首次尝试的"魔术"展示带领客户进入充满科技之美且时尚的办公空间；1:60 的动感项目模型，以及介绍北外滩航运的逻辑墙等设置合理。

洽谈水吧区位于商业入口二层挑空区域，以三组超高靠背蓝色沙发为主体形成的洽谈空间，带给人们高贵而典雅的整体印象，动线设置灵动而合理。示范区的倾力打造，成功引领客户进入其中，在有形与无形之间，在半透与不透之间，室内空间如精致腕表般呈现。

原设计模型台上部吊顶造型侧面为蚀刻金属板。由于是椭圆形造型，在立面围合中有弧面效果，因此蚀刻金属板在安装前需做弧面处理，且弧面的精度要求比较高，实际操作难度大，工艺要求及损耗率高，造价也相当高。经过三轮的工艺优化及不断的小样比对，最终设计调整为：采用小块面的倒角茶色镜，沿造型弧面矩阵式平铺排列，既有反射又有细节变化，完成后效果更佳，且此项设计变更将使造价减少约 10 万元。与模型台相呼应的透光膜及收边黑钛镜面不锈钢上反射的繁星般的点点灯光，将项目模型衬托得如夜空中的璀璨明珠。

Video_room

上海海珀·璞晖售楼处

事业部：绿地集团事业二部
甲方管控：俞美茹

设计灵感及理念

　　设计时充分考虑成本控制，结合交付后的使用功能，以能够同时满足售楼处和今后的会所大堂双重需求为目标。顶面的金属字样装饰为著名书法家董杨孜作品《心闲意适》，是整个售楼处的点睛之笔。

项目介绍

　　新江湾城项目定位为"豪宅的灵魂" + "紧凑型住宅的壳"，既有文化内涵又有品质的紧凑型豪宅精装修住宅公寓。售楼处在设计初期，充分考虑节约成

本等因素，从设计风格及空间布局上将售楼处紧扣交付后的会所大堂做整体设计。入口区、模型区、水吧台、洽谈区约350平方米的装修全部可保留以用于交付后的会所大堂，这样可节约二次装修成本约245万元。原建筑会所挑空区分为两个部分，中间区域为消防通道（层高仅2.9米），原始建筑平面对一层室内空间影响较大，达不到室内设计的效果。室内设计公司提出了优化方案，经过多次沟通，将二层低区移至入口处，形成"先抑后扬"的空间效果，并尽可能地增大挑空区面积，拉升整个室内售楼处的空间尺度。

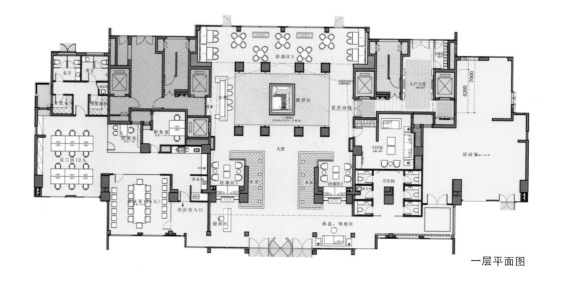

一层平面图

　　大堂灯饰：台湾著名书法家董杨孜作品《心闲意适》，行云书法字经过多轮打样，不锈钢施工工艺经过多次的修改，并在样板区进行1：1的实样模拟后，方在现场实施，整个不锈钢的弧面处理及抛光度达到了一定的水准。书法字的设计是整个售楼处的点睛之笔。

　　云石水景灯：浅水景、云石水景灯、水景侧面深色壁毯衬托的艺术不锈钢挂饰，形成强烈的仪式感，彰显品位及尊贵。

　　模型区：设置在售楼处的中心位置，被八根石材包柱包围，形成半私密的空间格局。地毯的水纹图案，与模型台呼应、向外延伸的"心闲意适"行云书法字，竹节形态的大型吊灯，以及随处可见的设计细部，无处不体现"禅意书院"的设计风格。

长沙金融城售楼处

事业部：绿地集团长沙事业部
甲方管控：杨希

设计灵感及理念

以奢侈品展示手段作为设计核心，创造具有"质"与"色"、"光"与"影"的环境，烘托金融高端办公产品的定位。

项目介绍

基地以北是未来的都会新核心，往南是依旧繁荣的五一商圈。项目地处长沙金融生态区南部区域，芙蓉中路以东、德雅路以南、精英路以西、体育馆路以北，是长沙金融生态区中最核心的部分，拟建设国际5A级写字楼、金融服务业总部大楼等。无论从时间上，还是从区块位置上，都是未来整个商业金融区的龙头。

1.作为高端金融办公产品，将奢侈品店的展示手段与项目定位紧密结合。

2.由于占地面积狭小，售楼部呈L形布局，在营销展示面不够的情况下，采用拉长动线的方法（动线90米），增加营销的展示面。空间上采取两层挑空设计，提高空间的利用率。

3.空间处理上采用先抑后扬的手法，增加客户的惊喜体验系数。

4.重视对商业情景的展示和满足商业办公产品VIP室对私密性的要求。

在设计过程中，将建筑的细节延伸至室内，不但注重设计精美的细部，而且以独特的方式展示了"质"与"色"、"光"与"影"的环境，无论是外部空间还是内部空间，都体现了独树一帜的创意。借助玻璃幕墙，增强视野穿透性，让内外景遥相呼应，由外至内，移步换景。在材质的选择上，使用了玫瑰金不锈钢和天然大理石作为主材，采用了只有国际奢侈品店才会用到的彩釉工艺玻璃作为弧形墙面的主要材料，并将铝板浮雕图案作为接待主背景，使整个空间尊贵而大气。

售楼处分为两层，一层为销售大厅，设有接待区、看房大厅、沙盘展示区、洽谈区、影音室、企业展示区、卫生间，二层为VIP区域和办公室区域，设有接待区、VIP接待室、财务室、总经理室、会议室及员工办公区、卫生间。

沙盘展示区，钻石形沙盘展示设在中央最显眼的位置，底部的灯光烘托整个沙盘，使沙盘好像悬浮于半空中的钻石，成为空间的焦点。顶部天花造型宛如一朵盛开的芙蓉花，使整个空间散发着浓郁的湖湘文化气息。靠近玻璃幕墙设置了洽谈区，地毯图案与建筑图案相互呼应，将建筑细节完美地延伸至室内，大面积的落地玻璃，让视野更加宽阔，外部美景尽览无余。销售人员工作区与大厅相邻，服务台造型简约大气，顶部灯光与地面柔和的灯光交相辉映，营造出时尚而华丽的空间。

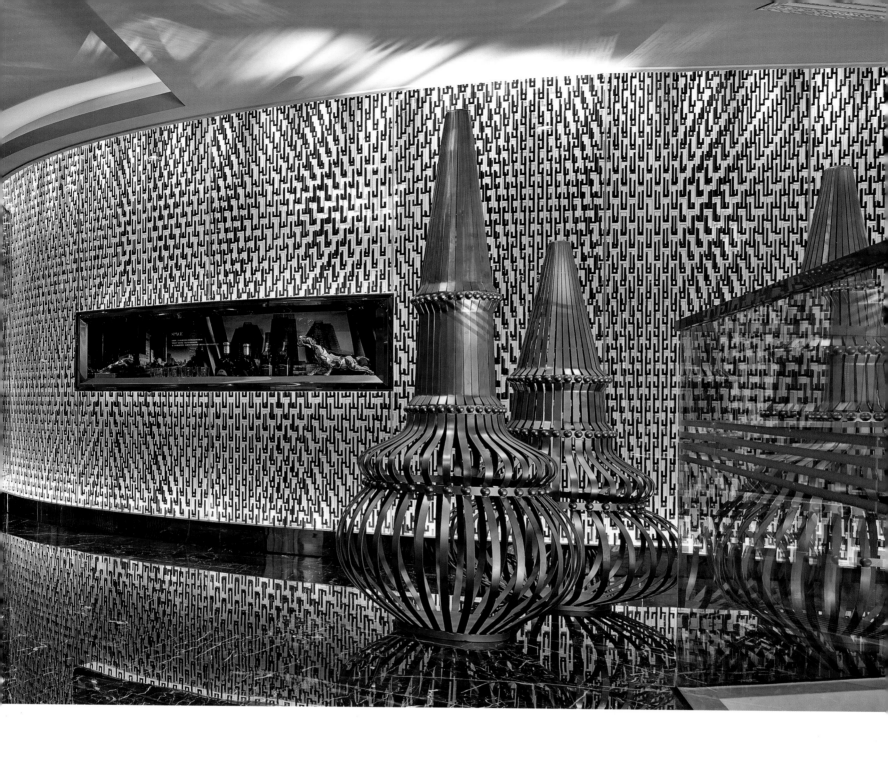

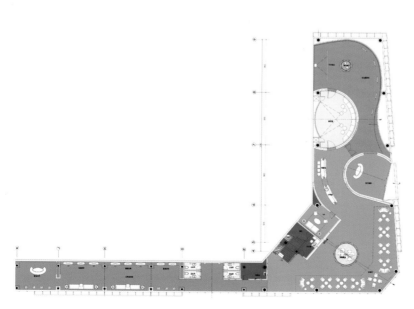

一层平面图

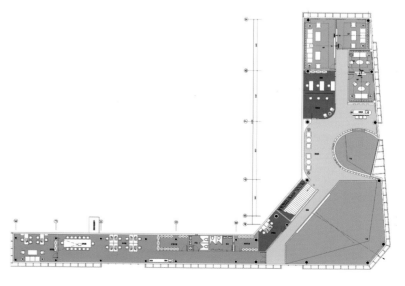

二层平面图

绿地黄山售楼处

事业部：绿地集团香港事业部
甲方管控：熊正华 、董力

设计灵感及理念

    沿用建筑语言，将太平湖置于脚下，让重峦叠嶂显于身边，创造人工与自然完美融合的环境。

项目介绍

    本项目位于安徽省黄山市黄山区境内太平湖南北两侧，距离黄山市政府90千米，铜陵市80千米。

    太平湖是皖南旅游区的重点风景区之一，位于合肥至黄山的黄金旅游线上，距屯溪143千米，介于黄山与九华山之间，北距佛教圣地九华山南大门30千米，南距国之瑰宝黄山北大门30千米，地理位置十分优越。太平湖旅游资源十分丰富，湖光山色得天独厚，湖水清澈碧透，青山起伏连绵，岛屿散落如珠，被誉为"东方日内瓦湖"。

    项目位于国家AAAA级旅游风景区太平湖南岸，面临太平湖主湖区。距黄山、九华山均不远，处于两山一湖的中心位置。基地紧邻S103省道，距合铜黄高速太平湖出口仅1千米，交通十分便利，具备成为太平湖旅游度假区门户的潜质。

旅游资源：

1. "两山一湖"是安徽省最重要的旅游规划战略。

2. 太平湖周边200千米范围内聚集了60多个AAAA风景区，是我国旅游资源最为密集的区域。

3. 本项目是黄山市一号工程。

交通设施：

1. 双高铁，京福高铁2014年通车，杭徽高铁已规划。

2. 双机场，黄山国际机场已开通多条国际国内航线，九华山机场2013年开通运营。

3. 高速公路网络密集。

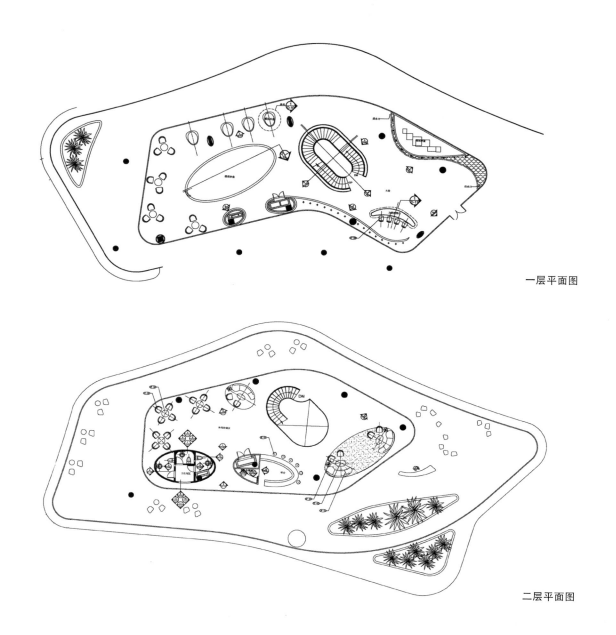

一层平面图

二层平面图

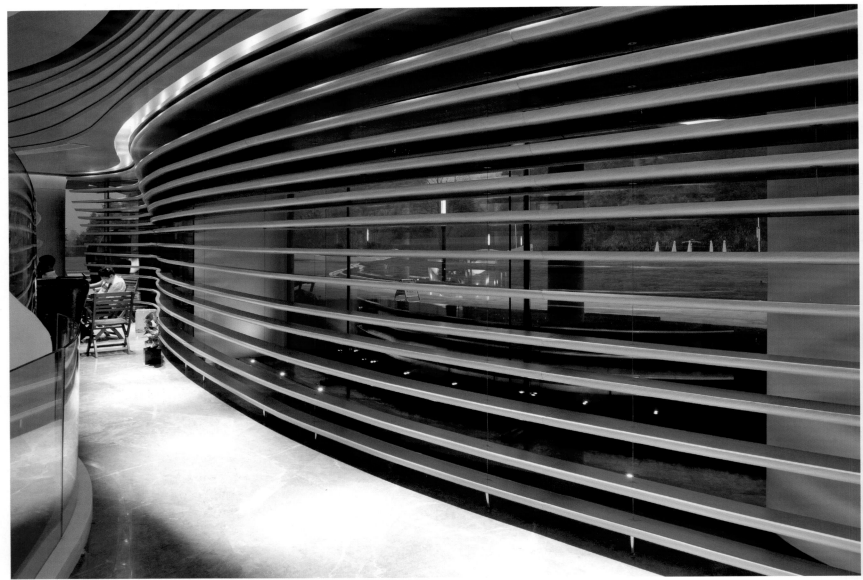

建筑规划：本项目基地位于太平湖沿岸，水山一体，相互呼应，风景优美，环境怡人。

设计思路：撷取徽派建筑的优美、端庄、灵动的特质，融于太平湖如诗如画的自然风景，勾画水墨山水般的神韵。

售楼处位于 B 区门户，紧邻 103 省道，距离高速路口 1 千米，是通往皇冠假日酒店或 B 区公寓，或从水上去往 F 区高尔夫球场的必经之地。特殊的桥头堡位置，是其成为整个太平湖项目的售楼处和展示中心的原因。建筑依山傍水而建，平面沿用了公寓建筑圆润的外轮廓曲线，竖向沿山势层层后退，如梯田般展开。周围环境优美，湖面开阔。建筑掩映于湖光山色之中，所有房间都能看到室外湖景。项目占地 1.35 万平方米，建筑面积近 2744 平方米。

景观设计：HASSELL 设计公司受邀进行景观设计，力图展现湖光山色及徽派地方文化特色，故充分运用了当地的石、砖，松、竹等元素。

室内设计：邀请了梁景华先生执笔，沿用与建筑（"山的样子"）外轮廓一致的曲线形态。吊顶采用舒展的自由曲线，将客人引入室内的不同空间。层层叠叠的吊顶，形如黄山松的年轮线。整体风格现代时尚。立面与局部吊顶以定制的暖咖啡色机制木为主要材质，地面则以冷灰、蓝色两色编织地毯为主。空间动线是沿着大沙盘设置的。人工照明上设置了大面积漫反射光源作为室内环境辅助光，而室内的大部分光照来自于室外，局部如前台接待处设置点光源以勾勒室内的重要部位。透过大面积落地玻璃窗，太平湖就在脚下，重峦叠嶂就在身边，已然分不清自然环境和人造环境。

上海绿地派克公馆售楼处

事业部：绿地集团事业二部
甲方管控：施悦科、王雅馨

设计灵感及理念

    室内设计追求山水浑然天成的感觉，融入自然元素，关注自然环境的价值，使人与自然和谐统一。

项目介绍

    上海绿地派克公馆项目坐落于青浦新城东北部汇金路、盈港东路路口旁，是政府规划的大型高端居住社区核心部分。项目以8栋高层建筑构成一个围合式高端住宅。因青浦有着深厚的文化底蕴，故项目初期当地政府就建筑外形提出既要结合本地人文色彩又要兼顾时代感的要求。建筑所呈现的是现代简洁且兼顾东方水乡的意韵，在室内设计方面做到同建筑外形相得益彰。"水秀山清眉远长，归来闲倚小阁窗"；上海青浦地理因势得名、借水得势，室内设计也追求山水浑然天成的感觉，融入自然元素，使人与自然和谐统一。

    售楼处是客户感受项目的第一空间，我们将自然、当代、精致的概念同购房感受相结合，将住宅项目的舒适、精致的理念全盘托出。

    入口接待厅：延续建筑所赋予的主题，空间简单干净，材质上以玫瑰金、玻璃片、天然石材、组合式屏风烘托整体空间，入口磐石、精致盆景装饰艺术小品也体现青浦山水的灵气，自然与人工物的交织传达着延续发展的主题。

    沙盘区：依然强调青浦的山水自然环境，用一个个鱼形的玻璃吊灯贯穿顶部，形象生动，如同一幅飘在空中的山水画。天然的透光云石，以及模型台灯光处理，使其体态轻盈；平、顶、地生态化的空间中，山水自然的设计概念不言而喻。

    VIP区、洽谈区：硬装勾勒寥寥数笔，给后期软装留下发挥空间。软装上，质朴自然为底，山石为元素，摆脱传统的形式，演绎出禅宗哲理。空间里的陈设流露出当代东方艺术的气息。在不同的区域，都能发现动人心弦的小景，可人的绿植、盆景、麻绳系着的纸质书卷、铜壶、小石雕……通过面料、材质的对比，烘托出雅致的氛围。

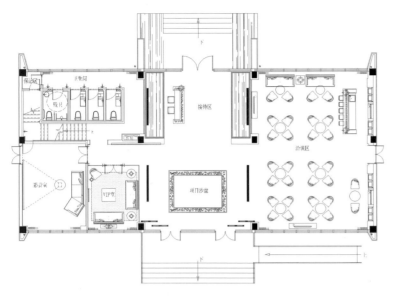

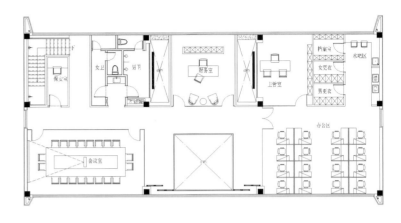

一层平面图   二层平面图

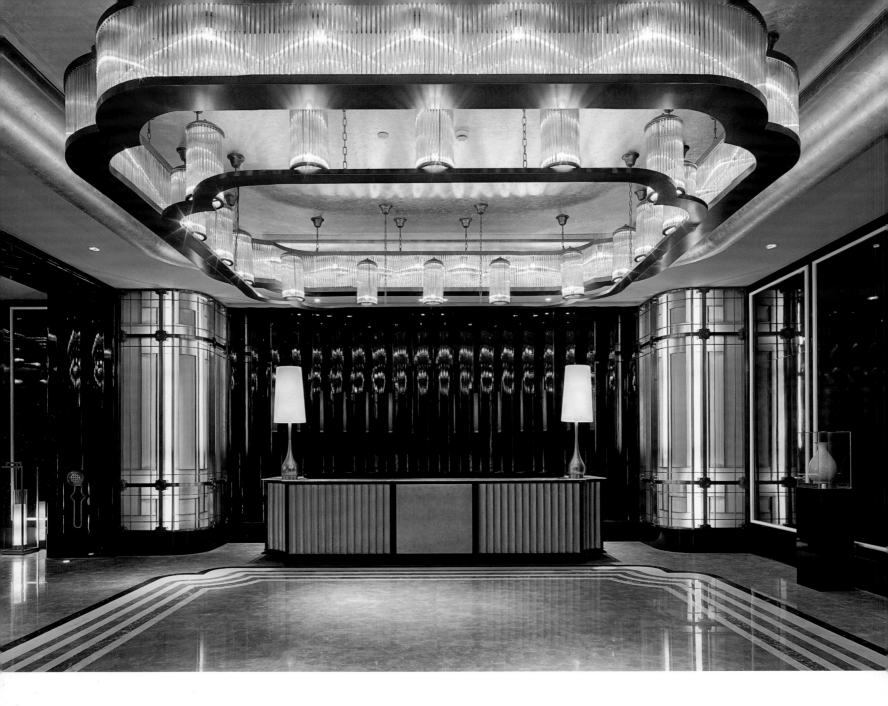

上海金山吕港售楼处

事业部：绿地集团事业二部
甲方管控：胡红霞

主要材料

　　啡慕斯大理石、合成透光石、白色石子、钛金不锈钢、深褐色乳胶漆、金色氟碳喷涂、喷亮光漆、皮质硬包、铜、喷绘墙纸

设计灵感及理念

　　将寓所闲逸的感觉巧妙地融入当代都会空间中，形成低调奢华和内敛雅致的现代触感。材料选择上以啡慕斯大理石、合成透光石、钛金不锈钢和深褐色乳胶漆为主，色调沉稳大气。

项目介绍

　　该项目面积为 1100 平方米，于 2013 年 10 月完成。寓所低调奢华，让住户沉浸在个人专属奢华所带来的全新感受中，并使其成为提升生活品质的卓越典范。

杭州绿地中央广场售楼处

事业部：绿地集团事业一部
甲方管控：郁巍巍、王毅、陈强

设计灵感及理念

　　设计理念因水而起，接历史遗脉，上善若水，善利万物而不争，诚如京杭运河福泽杭城。

项目介绍

　　本案位于杭州市大关路丽水路路口，靠近京杭运河及大兜路历史街区。建筑面积约为1600平方米，内装展示面积约为1000平方米。本案内装设计完成时间为2013年7月1日，内装施工完成时间为2013年9月28日。
　　该项目建筑主体为三层，内装展示层面为一层和二层，展示层面设置了企业文化展示区、模型区、洽谈区、水吧区等主要功能区，材料上大面积使用镜面不锈钢板、发光云石、弧形排列大理石，营造波光粼粼、倒影迷离的生动效果，利用现代抽象的手法营造强烈的视觉震撼效果。

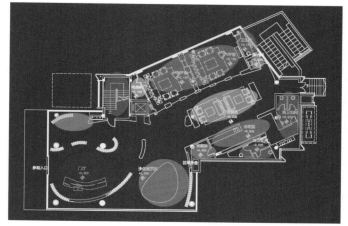

一层平面图

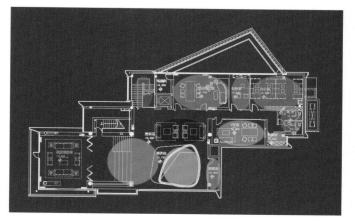

二层平面图

重庆绿地·海外滩售楼处

事业部：绿地集团西南事业部
甲方管控：王涛

设计灵感及理念

室内设计延伸建筑立意"半山瑰宝"—"珠宝盒"—"钻石"，以此为创意出发点，以钻石多边切割造型作为室内设计的主要符号语言，结合灯光与非常规加工的普通建材，营造出一个现代、实用的售楼处室内环境，也为绿地集团提供了一个很好的形象展示空间。

项目介绍

绿地·海外滩项目位于重庆江北区滨江路鸿恩寺公园旁，基地面积约261亩（约174 000平方米），分期开发，拟规划总建筑面积约58万平方米，其中包括高层公寓、电梯洋房、商业、办公等多种业态。

售楼处依山而建，通过一个漂浮在水面的栈道浮桥进入设在二楼的入口，进入售楼处室内，二楼为绿地集团形象展示区、海外滩项目地块区域展示区和一个影音区，通过旋转楼梯到达一楼的主要销售区域和办公区域。整个建筑分为上下两层，上层的建筑外观以几何体切割的方式来架构，在内部空间中形成了一个巨大的倒三角体，一直延伸到下层空间。"站在对岸，透过幕墙，同时在灯光的映衬下依山而建的售楼处宛如一颗绝世美钻"，脑海中浮现的这幅画面就是业主希望通过这个售楼处的品位与质感，将整个项目的定位与理念传达出去的载体。所以在整个内部空间的设计中尽量延续建筑的简洁与纯粹感，让访客犹如置身于一座博物馆之中，而不是传统意义上的奢华繁复的售楼处。

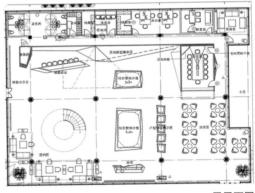

一层平面图

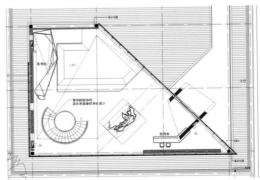

二层平面图

南宁绿地中心售楼处

事业部：绿地集团香港事业部
甲方管控：何树青

设计灵感及理念

本案将"科技、时尚、绅士"的概念贯穿始终，为兼顾超高层办公、购物中心、独立旗舰店等多种业态的绿地中心提供最佳的营销环境。

以"Gucci"为灵感，将其经典元素一分为二。挑空区以经典的外立面形式融入空间，纵向拉伸空间的同时更赋予多变的节奏与光影变化；相对静谧的洽谈服务区则以店内的精品气质贯穿。科技感与精品气质的完美融合正是该售楼处的特别之处。材质的线面结合，光影的流转变幻正符合绿地中心精品科技的地标定位。

项目介绍

作为中国北部湾经济核心，南宁正以全新面貌飞速发展。南宁绿地中心也将以地标形式屹立于未来的五象新区经济中心。

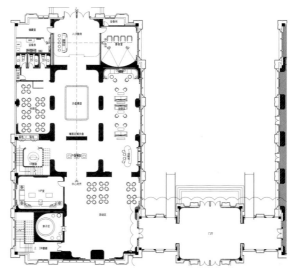

平面图

乌鲁木齐绿地中心售楼处

事业部：绿地集团西北事业部
甲方管控：张鹏

设计灵感及理念

　　乌鲁木齐绿地中心售楼处的构思与成形，是在一个不安的节奏下生发的。带给设计师不安的不是浮躁的心绪，也不是凌乱的思路，而是对自由西部风格的向往。现代风格中的流动与西部的自由风格是设计与现实的不谋而合。

项目介绍

　　当人们借助线条的流向进入售楼处，便会被空间中的线条引导到每个空间中，功能动线被自然的流线引导取代。在设计层次上，运用简洁流动的设计手法，顶面空间的层次处理也让空间产生丰富的变化，让人们感受到空间的韵律感。

　　对接待区及沙盘区中需要强调的部位采用了更加精致的处理手法，用精准的分割比例，成熟的工艺处理形式，将空间的精度凸显，最终让功能与形式协调，精致与简洁相益。

平面图

南昌海域·香廷售楼处

事业部：绿地集团南昌事业部
甲方管控：高秋

设计灵感及理念

　　室内同建筑、景观一样，均采用法式宫廷风格来体现极致奢华的理念。材料运用上以深色木饰面、天然石材以及拼花地砖为主。中庭部分的采光窗成为此项目的点睛之笔，营造出18世纪欧洲宫殿般的富丽堂皇。

项目介绍

　　本项目以独栋别墅、联排别墅、叠墅、多层住宅为主打产品。建筑、室内、景观均采用法式宫廷风格来诠释极致奢华的理念。售楼处面积约为1800平方米，为中轴对称的框架结构。正对大门的单跑双分楼梯，给人一种尊贵感。一层左右两侧分别为模型区和洽谈区，二层为办公区和VIP签约区。

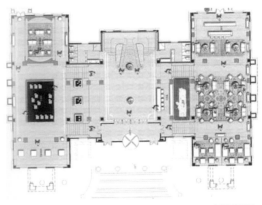

一层平面图

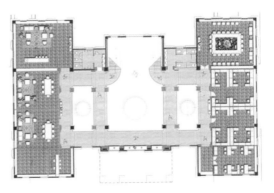

二层平面图

上海海珀·日晖售楼处

事业部：绿地集团事业二部
甲方管控：施悦科

设计灵感及理念

　　以晶莹剔透的感觉来显示建筑和黄浦江水面的呼应关系，借助反射与折射相互交替产生美感。为了突显这种"亮闪闪"的空间特质，设计大量地运用斜线向量和菱形构图，并运用高反光不锈钢材料来表现这种质感。

项目介绍

　　本基地位于上海黄浦江边的地块上，属于上海市区的精华景观地带，售楼处主要是作为这个区域的未来楼盘展示空间使用。这要求从展示空间的角度出发来设定整体的设计方向。我们决定以比较晶莹剔透的感觉来显示建筑和黄浦江水面的呼应关系以及各种反射、折射产生的美感。

　　大门以一种穿越隧道的感觉和形式作为空间的起点。在地块模型的展示上我们也做了一些思考，希望与二楼串联形成垂直的架构关系，从二楼往下看能清楚地看到模型，我们还特别设计了一款大型不锈钢吊灯以连接上下层并突显项目模型的重要性。对于项目模型后面的墙面，我们则以电视和建筑剖面作为其焦点，一方面起到项目动态展示作用，另一方面强调建筑物本身日后的表皮语言。在这个背景墙的后面则为投影间，作为项目深入介绍使用。一楼洽谈区的天花板，使用直径 4 厘米的实心亚克力并刻意排列成波浪状，利用亚克力高反射的特性强调天花板立体的形态。接待柜台和吧台则不断重复使用三角形、菱形的设计语汇以形成更多的凹凸面。在卫生间我们则采用巨大的皮革门片把卫生间掩饰起来，打开门片后方可见到雕刻品闪烁其中，增加了空间探索的乐趣。二楼设置贵宾室和几个用于深入洽谈的实用区块，也突显了"亮闪闪"的空间特质。我们大量地运用斜线向量和菱形构图并运用高反光不锈钢材料来体现这种质感。在部分的大堂区域我们甚至用大量透明亚克力棒悬吊在天花板上并排出高低不同的矩阵形式，再以 PAR 投射灯去强调亚克力的透明质感。在楼下与楼上挑空的楼板区域，我们设计定做了一个不锈钢的灯具，以相同形状的模块串联，直接通到二层，每一个模块里都放了一个 3W 的 LED 灯，强调不锈钢的质感，作为一、二层的主要视觉连接。地板主要以白色大理石做菱形几何造型拼花来呼应空间内部的其他菱形设计语言。

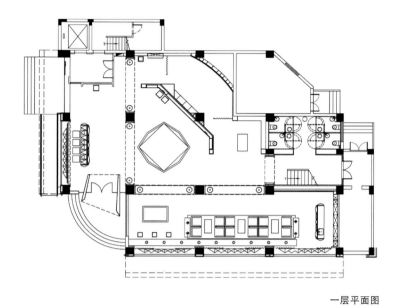

一层平面图

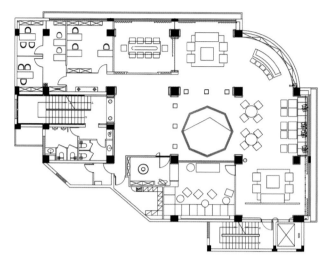

二层平面图

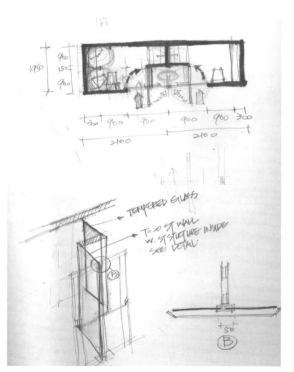

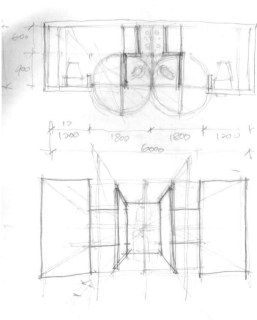

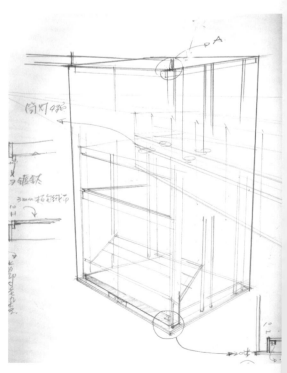

过程草图

大兴西斯莱公馆售楼处

事业部：绿地集团京津事业部
甲方管控：钱罡

主要材料

   大理石、实木皮、黑色镜面玻璃、不锈钢

设计灵感及理念

   根据 Alfred Sisley 的创作理念——透过光与色彩的表现来捕捉自然风景瞬间的真印象，使室内空间成为室外的延伸。

项目介绍

   新里·西斯莱的项目命名来自画家 Alfred Sisley，他是一位 19 世纪印象派画家，在古典和印象派之间走出了自己的独特风格。在他的作品中不但可以领略到古典手法的精湛，同样可以感受到印象主义色彩的丰富和多变。我们根据 Alfred Sisley 的创作理念——透过光与色彩的表现来捕捉自然风景瞬间的真印象，使室内空间成为室外的延伸。

   首先在平面上我们尽量令售楼处的整体空间通透、流畅，使参观动线灵活、便捷；从入口处便可看到端景，但并不空洞，连续的门廊形成空间的层次感；两个弧形空间加上用现代装饰语言符号化的罗马装饰柱，营造一种欧式尊贵感；设计尽量令中轴线区域的天花板高耸，高大的旋转门与简洁的柱子强调空间的雄伟气势；用天然石材纹理对接的墙体造型形成序列感，营造出如圣彼得大教堂般的神圣气氛。

   同一元素的有机重复是用现代的手法表现出传统的序列感。整个室内空间通过灯光和像素状图案等手法，再现印象派作品中所表现出的诗意空间。空间中跳跃的像素暗示着西斯莱作品中的碎点状笔触。从精雕细琢的材料和线条简练优美的艺术配饰装点内敛奢华的待客之所；运用沉稳的色调和艺术配饰，更好地烘托出空间的高雅与别致。

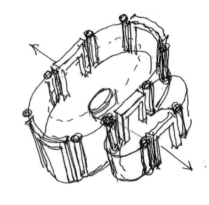

印象派艺术
打破传统，
从传统找出
新的视觉思维。

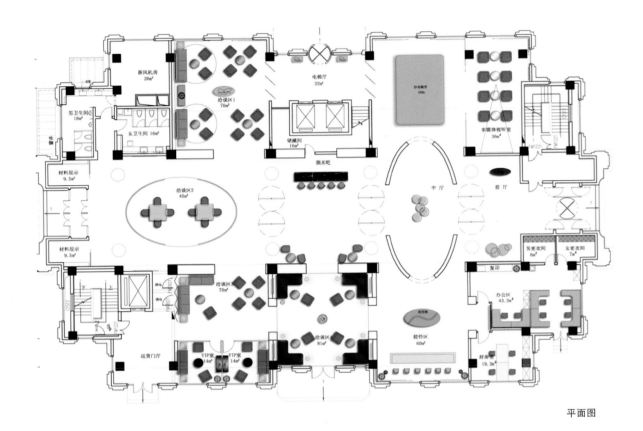

平面图

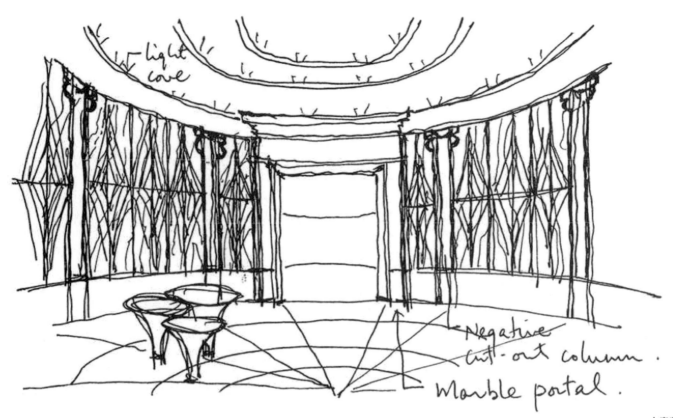

light cove

Negative
cut-out column.

Marble portal.

方案草图

142

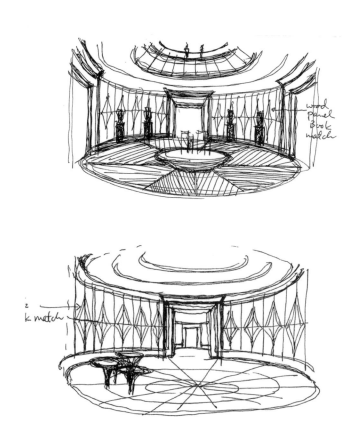

对传统符号进行现代演绎

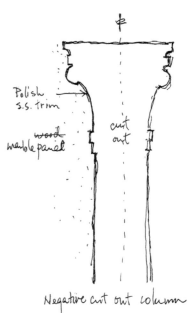

Negative cut out column

方案草图

　　这是一个针对高端客户的楼盘，对我们来讲是非常具有挑战性的，因为它的建筑外观是欧式古典的，我们很少做这种风格的项目。当时我们给绿地集团这样一个方案：运用欧式外观的精神，而不是用它的符号，我们运用了一种建筑的理念，一种对称的理念。以前在美国念书的时候，也做了很多这方面的研究，他们的空间处理和我们的有一定的区别，他们注重在一个中轴线上做出空间大小的变化，突出每个空间的重要性、特点，我们用空间布局的原理来做整个设计，抛弃它古典的建筑外观符号，我们不希望在一些细节上做过多的符号，而是用一个很纯粹的空间处理手法来做这个项目。

　　具体做的时候我们也有新古典的想法，在古典的空间中融入新的元素。空间的处理上我们希望有一种很大气的感觉，这个楼盘最重要的还是要表现生活，售楼处的工具性反而不是最重要的部分，我们注重的是展现整个空间的氛围，也可能在楼盘开放的时候，整个楼盘包括会所已经建好了，所以没有太注重沙盘的展示，沙盘变成旁边一个房间里附加的展示。我们利用很多空间做出一种很丰富的空间感、很大气的会所感，这也是这个方案设计特别的地方。也用了一些很抽象的弧形空间来和四平八稳的建筑做对比，这个手法也是用东方的思想介入传统西方的建筑形态，因为楼盘在北京，所以我们运用一些西方罗马式的柱子，加上灯光的处理，重新诠释西方文化，做出来的效果还是很现代的，在肌理、灯光、光线的处理上给人一种很典雅的感觉。

成都海珀·香廷售楼处

事业部：绿地集团西南事业部
甲方管控：张雨翔、杨磊

主要材料

　　木纹石、胡桃木、贝壳马赛克、地毯、不锈钢、玻璃、亚克力

设计灵感及理念

　　以庄严与奢华，以及带有些许壮丽的主题色彩，营造现代的帝王感，同时兼顾后期作为酒店大堂的使用要求。材料、颜色及灯光的设计并无特殊对立和冲突，只为烘托整体建筑。

项目介绍

　　该案是诠释"现代皇宫"的可能性，虽然还未与皇宫应有造价有可比性，但是当作一个研究诠释的案例还是可以的，至少算是我们努力寻找的其中一个答案。在这个总面积 2400 平方米的个案里，预计作为酒店大堂使用，前期兼作售楼处，满足这两者的功能需求和市场定位是必要条件。在概念上，我们希望在这个地方即使穿着西装或正装的"皇帝、皇后（们）"进到这个空间里，所有室内建筑环境背景也不会显得格格不入，反而很搭配，也就是给人现代的帝王感觉。定调既然如此，庄严、奢华、带点壮丽的主题色彩应该成为基本的设计目标。我们就顺着这样的设计逻辑发展色调和整体空间。

　　把一楼入口大厅尽量拉高；楼梯当作雕刻品成为入口场景的焦点，并进一

步与流到地下室的水景瀑布结合，这样把地下室、一楼、二楼直接在开场的时候做个直截了当的串联。或许这样的序幕比较戏剧化。索性最后把柱子作为视觉上的垂直连贯元素——直接延续场景，并变成楼梯主焦点的背景。试图在入口形成一定的视觉震撼，并引出人流动线，激发人们因为好奇而继续探索整体空间的渴望。经过楼梯后侧边的水流开口可以直视地下室的部分造景，听觉上也因而被串联起来。接待柜台和等候酒吧、咖啡厅环绕四周。绕过弧形长廊，经楼梯可到地下娱乐休闲区域。一楼的水，以及自然光和灯光一起洒落下来，地下室以廊柱阵列的形式直接烘托景深，以给人一种不同的休憩体验。二楼餐饮区的焦点则是从一楼入口便能看到的，连接一、二层的现代花柱，大圆顶的柱头直接构成天花板造型，并和灯光一起把二楼整个区域的空间交代完整。柱子是由实木和不锈钢构成的。另外，地下室的水池底部则是用大理石拼合成的连续造型平面，也是整个空间视觉的基础。

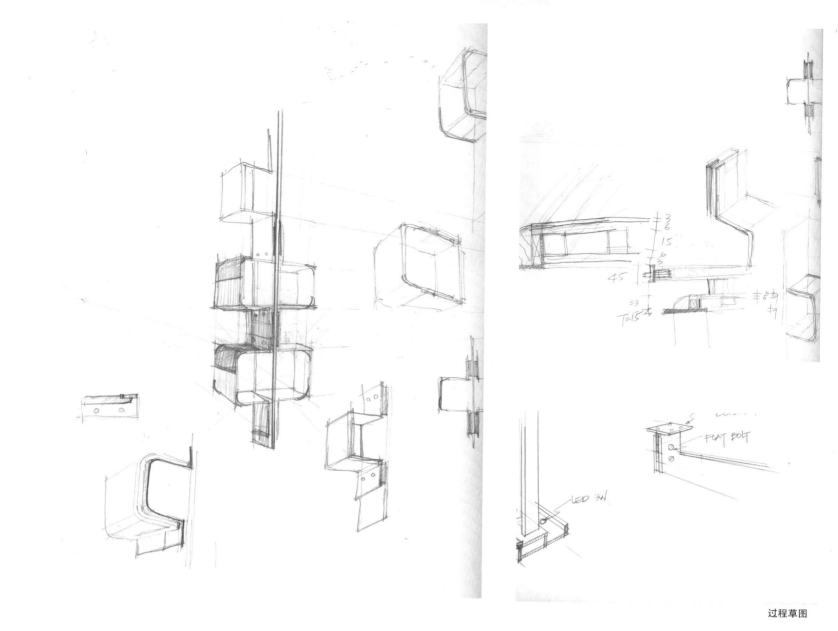

过程草图

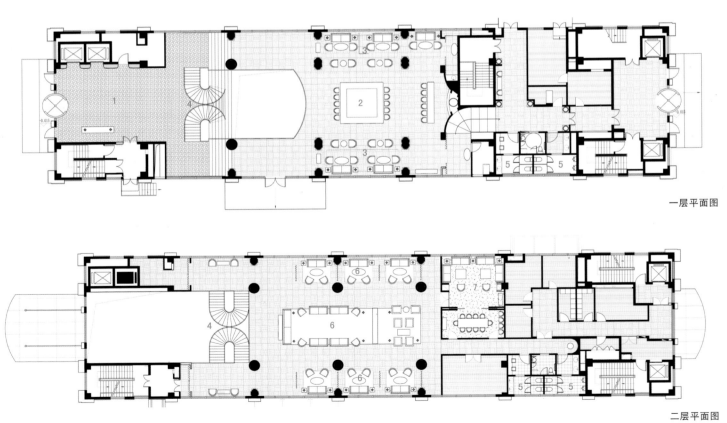

一层平面图

二层平面图

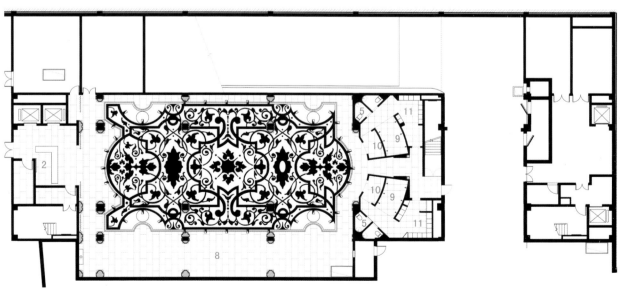

地下一层平面图

盐城商务城售楼处

事业部：绿地集团淮海事业部
甲方管控：郑子扬

主要材料
　三种颜色的木地板、黑色不锈钢、玻璃钢

设计灵感及理念
　　我们用简约的设计理念来营造一个令人难忘的空间，同时考虑怎样在售楼处中引入交互式媒体技术，以便和客户更好地沟通。楼梯被用来连接和划分销售中心的不同功能区域并连接两个楼层。

项目介绍
　　该售楼处用于向潜在的投资商介绍大型的开发项目，其中包括写字楼、住宅楼以及游乐园等，这些项目将分成多个阶段并持续数年销售。售楼处是一个两层建筑，位于徐州市新市政府园区对面，旨在向公众介绍正在开发和即将开发的项目。

　　在多数开放空间以及夹层中处理钢架结构时，对室内规划进行了多重的考虑，包括如何划分室内空间来满足功能需求却不丧失建筑的流畅和大气。以楼梯连接和划分销售中心的不同功能区域并连接两个楼层，同时营造出一个静谧的空间进行多媒体展示、设置观众席以及放置各种建筑模型。除此之外，入口也起到了相当特殊的作用，在多媒体专业技术人员的协作下，我们在异形玻璃钢造型的表面安装了一些视频和音频设备以及可变色灯光系统，这些连续的灯具从天花板至墙壁、家具，最终进入楼梯对面的接待区域。异形玻璃钢造型也出现在诸如圆柱造型的表面，以及楼梯和建筑物等其他空间的造型表面。

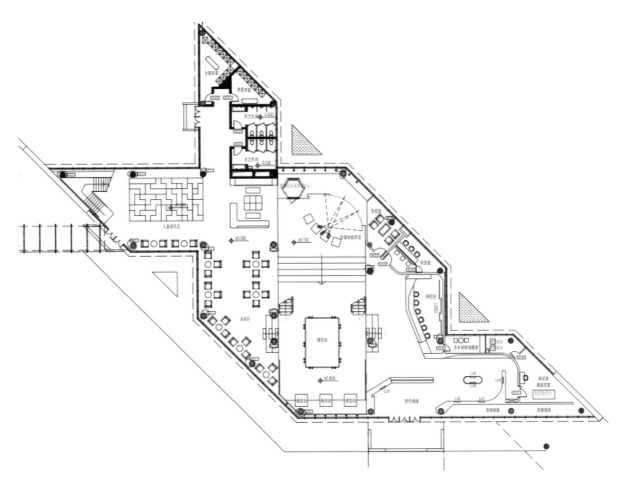

一层平面图

重庆绿地自由贸易港城售楼处

事业部：绿地集团西南事业部
甲方管控：侯艳梅

设计灵感及理念

为体现自贸区整体特点和展示自贸区自身形象，设计师对室内空间的色调做了相应处理，一层和二层以乳白色为主色调，清新明亮。三楼为 VIP 区，大量使用了实木材料，色调也转换成沉稳厚重的深色，此外，将多媒体纳入整个室内设计中，譬如在沙盘展示区背后为 LED 超大屏幕制作了墙体，室内墙面上也预留了位置，让多媒体展示成为室内灯光和照明的有机组成部分。

项目介绍

重庆绿地自由贸易港城项目作为一个体量庞大的城市综合体，是整个重庆自由贸易区的龙头项目。售楼处是整个城市综合体面向外界的门户。它带给消费者的体验将影响人们对绿地自由贸易港城的第一印象。

售楼处为三层建筑，位于整个自贸区城市综合体的西南角，建筑面积 3000 平方米，一层巨大的沙盘模型嵌入地下，模型顶中间垂挂下来的巨型水晶吊灯穿过二层和三层的楼板，在灯带的光线烘托下，极像漩涡溶洞。设计师巧妙地打破了楼层间的封闭性，极大地丰富了空间变化。漩涡溶洞的设计并不是孤立存在的，事实上，大厅里每一根承重柱的柱顶都有一个类似的漩涡设计。流线设计贯穿了整个售楼处的室内设计。流线从漩涡中心向外扩散，布满整个天花板，然后从天花板上"流淌"下来，蔓延到四周的墙以及地板。流动的线条配合浅色

调，营造出十足的未来感。与此同时，根根流线层叠而下，形成类似等高线的视觉形象，隐喻了自贸中心所在地重庆独特的山城形象。设计师将流线设计贯彻到了每一个细节：所有承重柱都做了包裹和异形切开处理，将一根通高的柱子变成数个水平错落的块体，打破连续的表面，营造了活泼动感的视觉感觉。同样的处理也运用在了漩涡溶洞穿过二层的空间部分。尽管这个部分是一个巨大的体块，但从外观看起来仿佛是从天花板上流淌下来，极具动感。

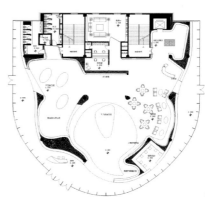

一层平面图

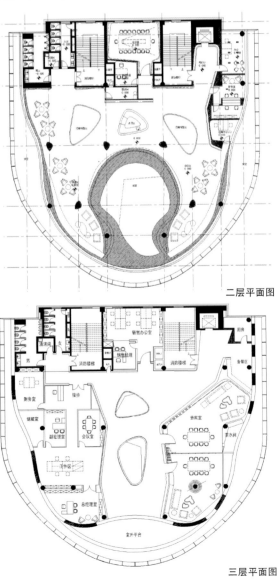

二层平面图

三层平面图

西安绿地中心售楼处

事业部：绿地集团西北事业部
甲方管控：彭银波

主要材料

雅士白大理石、灰木纹大理石、白色微晶石、白色烤漆板、灰钛不锈钢等

设计灵感及理念

入口空间中椭圆形有金属质感的影音室虚实有致，平衡了空间中丰富的"线"。连续的折面体系将服务台、顶面与地面连为一体，赋予了空间极强的张力和视觉冲击力。墙面与顶面的穿插，强化了室内造型的秩序美感。

项目介绍

西安绿地中心位于西安高新区核心区域，是绿地深耕西北10年的成果，西北在建第一高写字楼，建筑面积约17万平方米。

售楼处位于超高层裙房的临街商铺，由三间独立商铺临时组合而成，不同于其他售楼处的量身定制，西安绿地中心售楼处与气势磅礴的超高层相比空间上略显不足，于是我们提出在原有方正的布局中突出变化，使空间具有较强的张力，创造出灵动的空间。

门厅、销控、企宣、洽谈区都在有限的空间中落位，在售楼处紧凑的空间里我们开辟出160平方米的技术展示区，用于超高层所运用技术的集中展示，使看不见的技术通过光电的形式传递出来。

售楼处不能简单地作为销售场所，应该集企业宣传、区域展示、项目展示于一体，通过空间形态进行诠释。首先西安高新区不同于人们对西安的传统印像，这里聚集着新兴的科技企业、现代的街区、充满激情的创业氛围；而西安绿地同高新区有着同样的成长历程。通过区位分析和绿地中心的产品定位提炼出"现代、科技、未来、绿色"的概念，旨在营造集智能科技，绿色生态于一体的体验式展示空间。

平面图

合肥内森庄园

事业部：绿地集团安徽事业部
甲方管控：袁来

主要材料

　　爵士白石材、马赛克、白色烤漆、墙纸、皮革、黄色石灰华大理石、灰麻花岗岩、铝板、钢化玻璃

设计灵感及理念

　　在法式基础上用现代手法进行深度诠释。透过材质与色彩，演绎出更加深入人心的巴洛克美学空间。

项目介绍

　　此户型建筑设计定位为高层复式，故对设计公司的要求是把此样板房打造成高层别墅，定位为法式风格，三代同堂。

　　硬装设计说明：在风格上，在传统的法式基础上用现代的手法进行深度的诠释，透过明亮的色彩、材质，如具象化的手绘墙纸图案与马赛克拼花演绎出更加深入人心的巴洛克美学空间。白与蓝是时尚界最钟爱也是最经典的色彩组合之一，营造出率性、清爽的空间形象。细酌白与蓝的层次与细节，将会发现其中的讲究与细致。爵士白的石材，70% 高光度的烤漆面层，纯手工绘制的墙纸，大面积的马赛克拼花以及顶面华丽的线脚，都让巴洛克风格空间多了几分时尚。

　　软装设计说明：为了营造巴洛克风格的奢华与浪漫，整体上更加注重细节的设计。青古铜色的木作喷漆手法，细部雕花的处理方式，在家具上诠释了巴洛克风格那尽显奢华的韵味。昂贵的真丝面料，华丽的进口绒布，大气的花纹地毯，铜件与镜面的结合以及精致的饰品装饰，再结合风格浓郁的法式风格硬装，在这样一个以蓝色为主题的空间中呈现浪漫、奢华与优雅的巴洛克风情。

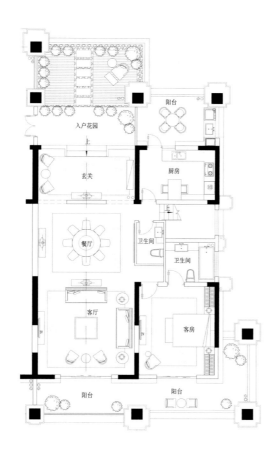

一层平面图

二层平面图

苏州华尔道名邸别墅

事业部：绿地集团苏南事业部
甲方管控：高秋

一层平面图

主要材料

　　新西米、啡慕斯、爵士白石材、木饰面、墙纸、皮革以及铁艺等

设计灵感及理念

　　空间采用简约欧式风格，在空间布局、使用功能和细节处理上进行了多项优化和深入研究。空间色调以白色为主，材料上选用爵士白石材、木饰面、皮革和铁艺等。该软装配置切合购买人群的生活状态，营造出典雅奢华之感。

项目介绍

　　苏州华尔道名邸别墅位于苏州园区内。装修采用简欧风格。地上3层，地下1层。一楼为客厅、餐厅、门厅、老人房、厨房。二楼为客卧与儿童房。三楼为主卧。地下室功能有SPA室、棋牌室、红酒吧及影音室。

　　此项目在空间上做了较多设计优化。

　　1. 空间优化。在设计一楼的时候，把门厅、客厅、餐厅、厨房、书房打通，形成一个66平方米的大空间。同时结合客厅一、二楼挑空，让业主拥有一个非常舒适气派的会客空间。

　　2. 功能优化。在功能上该项目做到了极致。在地下室108平方米的空间内集合了SPA空间、棋牌室、红酒吧及影音室等功能空间，给客户带来物超所值的体验感。

　　3. 细节。在细节处理上，较之无锡的第一代产品做得更精致。比如装饰材料的尺度与基层的处理等，力求做到使空间更大。楼梯间内的强弱电箱结合立面装饰设置，使立面更为干净。

　　4. 软装。该软装配置切合购买人群的生活状态。无论从家具的风格、尺度、饰面到布置方式，都体现了软装设计师的良苦用心。

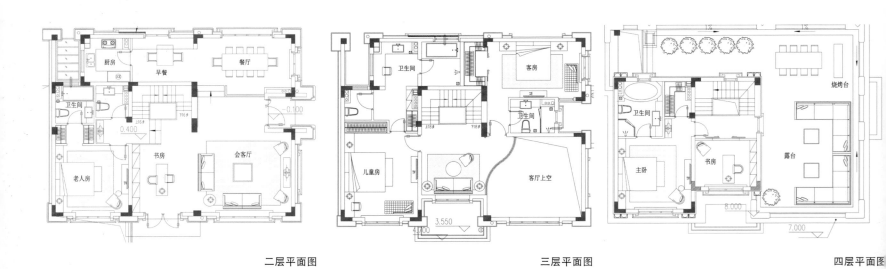

二层平面图　　　　　　　　　　三层平面图　　　　　　　　　　四层平面图

贵阳伊顿公馆别墅 B 户型

事业部：绿地集团原云贵事业部
甲方管控：徐同伟

主要材料

钢化玻璃、白色亚克力灯片、实木复合地板、新莎安娜米黄大理石

设计灵感及理念

定位美式风格，大量的自然元素和阳光一起营造出"乡村"氛围。书房内实木复合地板及深色木饰面的选用使空间显得沉稳大气，同时书房也代表着业主的身份和社会地位。

项目介绍

阳光与大量的自然元素（四处摆放的插花、盆栽、草本植物），以及原木的餐桌椅无不给人自然温暖之感。采用餐厨合一的开放式空间。

主要亮点：客厅中，自然大气的实木顶梁、温馨舒适的整体色调既体现了主人追求复古、典雅的空间氛围，还透露出主人对自然的向往，渴望一种恬淡、洒脱的生活方式。迎合了这一理念，空间于古典中透露着恬淡、浪漫，与自然融为一体。书房，是诠释主人修养和学识的空间，代表着业主的荣誉和社会地位，大气恢宏的木构造迎合业主的心态，本设计更注重的是心与心的沟通。一路拼搏之后的那份释然，让人们对大自然产生无限向往。回归与眷恋、淳朴与真诚，也正因为有了这种对生活的感悟，才能在轻松、舒适的环境中完全放松自己。

一层平面图

二层平面图

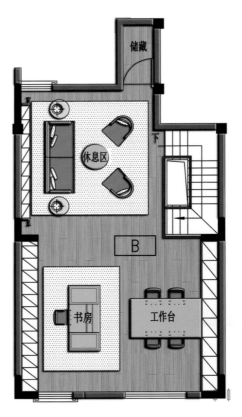

三层平面图   四层平面图

重庆海外滩二期洋房 A13 户型

事业部：绿地集团西南事业部
甲方管控：王涛

主要材料

壁纸、红橡木饰面、硬包皮、镜面不锈钢等

设计灵感及理念

为了达到最佳观江效果，充分借景，把江景资源、山景资源运用到室内设计中，作为室内最好的软景。空间设计上采用现代设计风格，线条简单，装饰元素少。

项目介绍

绿地海外滩位于重庆江北区滨江路，背靠鸿恩寺公园，面临长江，二期为海外滩高端洋房项目，部分为带底跃和顶跃的 7 层花园洋房。样板房位于二期 18 号楼 7 楼顶跃，建筑面积 141 平方米，含阁楼、屋顶花园设计面积达到了 238 平方米。

该套样板房为达到最佳观江效果，采用现代设计风格，充分借景。进入房间，在既精致又不繁复的空间中，欣赏户外美景，顿感心旷神怡。在阁楼处理上，把新作钢构楼板在 3 米标准层高上抬 10 厘米，既保障了入户层空间的开阔大气，又不影响阁楼三角空间的正常家居使用。屋顶花园做 SPA 等功能布局，营造了优雅、恬静的生活氛围。

平面图

合肥绿地中心A房型

事业部：绿地集团安徽事业部
甲方管控：颜丽

主要材料

　　木纹大理石、高光烤漆木饰面、黑钛不锈钢、白色烤漆板、镜子、浅啡网纹大理石等

设计灵感及理念

　　室内设计上使用某著名奢侈品品牌的蓝色色调，营造出一个奢华而浪漫的室内空间。在软装配饰上充分运用奢侈品牌的标志蓝色，从灯饰到家具处处体现出奢侈品的精致与尊贵。

项目介绍

　　本套户型从著名奢侈品品牌蒂芙尼的标志色蒂芙尼蓝为装饰主基调，以爱与美、罗曼蒂克与梦想为主题，营造出一个奢华而浪漫的室内空间。

　　在装饰材料上运用特殊的白影木护墙板内嵌黑色钛金条、波纹玻璃及进口墙纸作为墙面造型，地面运用凯越灰石材和实木复合地板，使室内空间奢华、尊贵又不失浪漫。

　　本套户型为四房两厅，主卧与老人房均为套房，客厅与餐厅加套线造型，增加了空间的尊贵感。

平面图

重庆海域·澜屿洋房 A1 户型

事业部：绿地集团西南事业部
甲方管控：王涛

主要材料

木纹大理石、木饰面、实木复合地板

设计灵感及理念

采用现代港式风格，设计时规避了建筑硬伤，创造了开敞、大气、轻奢的生活空间。室内空间主要运用了木纹大理石、木饰面，营造出温馨、舒适的环境。

项目介绍

绿地海域·澜屿项目坐落于重庆市涪陵区滨江路上，背靠老城区、面临涪江，交通方便，景色优美。A1 户型样板房位于洋房区 4 号楼 1 楼，建筑面积约 119 平方米，设计周期约 90 天，施工周期 50 天。

设计中最大难点就是原土建设计餐厅、厨房非常狭小（2 900 mm x 3 700 mm），并且还在主要交通动线上。设计师大胆进行空间重组，重新整合入户花园、餐厅、厨房、生活阳台等空间，结合现代港式风格，展示了一个开敞、大气、轻奢的生活空间。

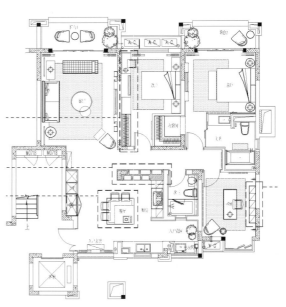

平面图

南昌玫瑰城高层 A1 户型

事业部：绿地集团江西事业部
甲方管控：车谢娇

主要材料

啡慕斯大理石、爵士白大理石、实木复合地板、壁纸等

设计灵感及理念

设计理念为演绎简约美式田园风格，创造充满文化气息、尊贵自在与有情调的空间。在材料运用上，主要使用了壁纸、沙比利木饰面和实木复合地板等，使整个空间看起来休闲而不失温馨。

项目介绍

南昌玫瑰城的高层因样板房设计风格为简约美式田园风格，采用美式风格家具，并且是美式家具中常见的新古典风格的家具。对于这种风格的家具，设计的重点是强调优雅的雕刻和舒适的设计，在保留古典家具的色泽和质感的同时，又注重适应现代生活，让整个空间元素正好迎合了时下的文化资产者对生活方式的要求，即：有文化气息、贵气，且不乏自在与情调。

主要亮点：大量运用壁纸和沙比利木饰面，配上精致的美式家具，使整个空间看起来既休闲又温馨。

平面图

南昌玫瑰城以美式风格的客厅作为待客区域，要求简洁明快，同时装修较其他空间要更明快光鲜，因此使用大量的石材和木饰面装饰；美国人喜欢有历史感的东西，这不仅反映在软装摆件上对仿古艺术品的喜爱，同时也反映在装修上对各种仿古墙、地砖、石材的偏爱和对各种仿旧工艺的追求上。

合肥滨湖印象 A 户型

事业部：绿地集团安徽事业部
甲方把控：颜丽

设计灵感及理念

　　室内设计风格定位为大都市风格及现代法式经典风格，设计手法上尽量避免小空间的局促感。空间色彩上以暖色系为主，浅咖啡色的软包和地砖配以深色木饰面和拼花地板。空间虽小，但温暖人心。

项目介绍

　　本项目所处位置为合肥市宿松路与紫蓬路交口向北 200 米，A、B 户型均为紧凑户型。在本不够理想的地理位置及不够充裕的面积比的情况下，营销所定单价高于同期周边项目，定位人群也是追求个性和生活品质的社会精英人群，所以在室内设计及软装配置上如何能将调性提高到营销定位，如何将面积最大限度合理利用是本案室内设计考虑的核心点。

　　围绕该核心点，室内设计格调高雅、空间通透舒适，因此样板房展示效果较佳，激发了业主的观赏及购买欲。开盘当日，本项目当天销售率达到 80% 以上。样板房的成果展示对销售的成功起到关键性的作用。

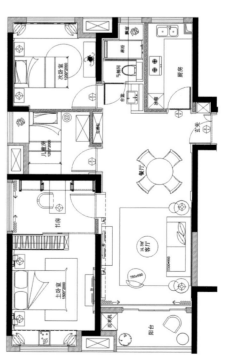

平面图

上海海域·笙晖

事业部：绿地集团事业一部
甲方管控：王丽芳

设计灵感及理念

　　此样板房采用了现代奢华与新海派结合的表现手法，同时融合了新古典和中式元素。整体空间既摩登又包容，既有个性又不乏深度。

项目介绍

　　改善型入门级豪宅，奢华与时尚共享，传承海派经典。110平方米舒适改善型三房通过设计处理在玄关区设置储藏功能，利用装饰柜区分餐厅与客厅区域，使空间得到合理利用，同时又增加了装饰的丰富性，半开放式的书房使客厅、书房融为一体，利用可变空间的动线使空间感大大增强。此样板房采用了现代奢华与新海派结合的表现手法，同时融合了新古典和中式元素，厚重、精致、华丽，不同色彩的对比和不同风格元素的有机搭配又让空间变得时尚且独特，拥有着不同寻常的魅力。整体空间在充分展示新海派风格的设计精髓的基础上，以具有浓郁地域特色的传统文化为根基，融入西方奢华文化，以符合上海北部高端业主的审美习惯。软装上使用金属材质及皮革作为诠释元素，主色调为浅米色、黑色及暖咖色。整个空间色彩跳跃，冷暖过渡自然，营造出高品位的视觉感受及前卫、时尚、低调的奢华。设计师巧妙地把海派元素置入现代家居空间各处，将传统和现代风格对称运用，用现代设计来隐喻中国的传统，在关注现代生活舒适度的同时，让海派传统文化得以传承和发扬。

平面图

济南卢浮公馆 B 户型

事业部：绿地集团山东事业部
甲方管控：张雨翔

设计灵感及理念

空间以经典的黑、白色为主色调，整个设计硬朗、前卫、时尚而现代。空间虽小，但是设计师通过镜子、抛光不锈钢以及黑色烤漆玻璃的运用，使空间丝毫不给人压抑的感觉。

项目介绍

镜面不锈钢，加之黑色镜面，营造了时尚、前卫的空间感。大气的客厅，以灰、白、黑色为主色调铺陈，细腻而有层次；客厅背景墙两侧运用清镜和灰镜，通过镜面反射效果创造丰富的空间表情，一边成为阳台窗景的延伸，一边则精心定做成端景柜，呼应整个空间；典雅大气的沙发给人不寻常的感觉，营造出属于东方的当代前卫感。

平面图

西安海珀·兰轩 A 户型

事业部：绿地集团西北事业部
甲方管控：张雨翔、张鹏

设计灵感及理念

在空间色彩上使用时尚界流行的"秋香色"，其取自环保的亚麻色系，让人感到柔和与舒适。高级灰的色调给人低调与奢华之感。

项目介绍

本案在色彩上大胆诠释了目前在时尚界最流行的"秋香色"，看上去很舒适的颜色。高级灰始终给人一种低调的奢华感，这种沉稳的感觉符合大多数人的审美要求。

入口处考究的大理石雕花，色彩与工艺的完美搭配彰显了居住者的生活品质。温暖的色彩搭配精致的吊灯、太阳镜，让整个空间倍感温暖。

平面图

西安海珀·兰轩 B 户型

事业部：绿地集团西北事业部
甲方管控：张雨翔、张鹏

设计灵感及理念

产品人群定位为高端富裕阶层，空间配色浓重但不压抑。用经典的设计和顶级的工艺彰显主人的气度与时代科技之美。大理石、黑檀、黑钛镂花等装饰材料把空间装点到了极致。

项目介绍

较之 A、C 两个户型，此户型在色彩上显得更加浓重一些，但是浓重不代表压抑。面对视野宽广的高端富裕阶层，超前的时尚、炫目的装饰已经不是他们对家的要求，经典的设计和顶级的工艺才能彰显主人的气度与时代科技之美：水刀切割的大理石地面铺设、黑檀无缝拼纹处理、顶面的黑钛电镀镂花以及所有墙面木造型均为定制加工，力求把工艺品的品质发挥到极致。

平面图

西安海珀·兰轩 C 户型

事业部：绿地集团西北事业部
甲方管控：张雨翔、张鹏

设计灵感及理念

在传统的法式基础上用现代的手法进行重新的演绎，黑与白的经典时尚色彩、几何形的线条演绎出新的巴洛克美学。爵士白石材、烤漆面层、钛金条和皮质硬包将时尚注入巴洛克风格空间中。

项目介绍

白与黑是时尚界最钟爱的色彩，也是最经典的色彩，它能营造出利落率性的特质。细酌黑与白的层次与细节，将会发现其中的讲究与细致。爵士白的石材、70% 高光度的烤漆面层、黑色的钛金条、富有光泽质感的皮质硬包以及顶面的利落线脚，都让巴洛克风格空间多了几分时尚、明亮与鲜艳。

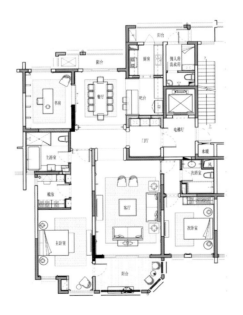

平面图

西安浐灞三合院

事业部：绿地集团西北事业部
甲方管控：张鹏

设计灵感及理念

　　运用高低错落的空间、曲线形的造型、拱形门窗、色彩绚丽的小品重新演绎西班牙装饰风格。

项目介绍

　　此案例是典型的热情、奔放、绚丽的西班牙风格。白色外墙、筒形屋瓦、拱形尖顶的门窗是典型的西班牙建筑风格元素。

　　室内运用深色的胡桃木、深色的布艺，以及造型简洁、带有金属感的铜制灯具，搭配墙面上的绘画作品，使主人在欣赏异国设计的同时品味异国文化。

　　空间紧凑、功能齐全的酒吧与花园互为借景、相映生辉。中西合璧的厨房、完整私密的空间使主人充分感受"上有天、下有地"的完美空间。

地下一层平面图   一层平面图

二层平面图

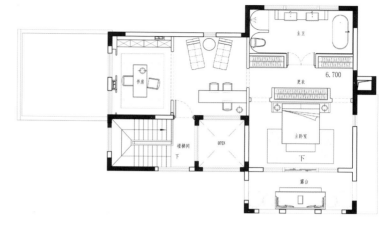

三层平面图

武汉新都会别墅

事业部：绿地集团武汉事业部
甲方管控：马龙

设计灵感及理念

　　将空间的限制条件一一考虑。在保留完整私密空间的同时，用白色的烤漆和镜面贯穿空间，使之成为一个相互联系的整体。整个空间为欧式简约风格，在墙纸、金属包边和实木复合地板的装点下，显得十分温馨。

项目介绍

　　无论在空间的规划还是材料的选择方面，我们充分考虑空间的限制条件。在一个狭长、多层的空间中，用白色的烤漆和镜面贯穿空间，打造一个相互联系的整体。

　　整体空间以白色为基调，呈现干净的视觉效果，配以舒适温暖的灰色沙发，营造出温馨的氛围。吊顶的欧式造型精致而华丽，吊灯璀璨而有层次，彰显了设计感。

　　整个空间利用楼层区分各层功能属性。在追求设计感的同时，满足了功能上的需求，打造出优雅实用的空间。

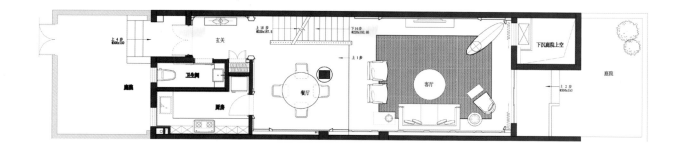

一层平面图

二层平面图

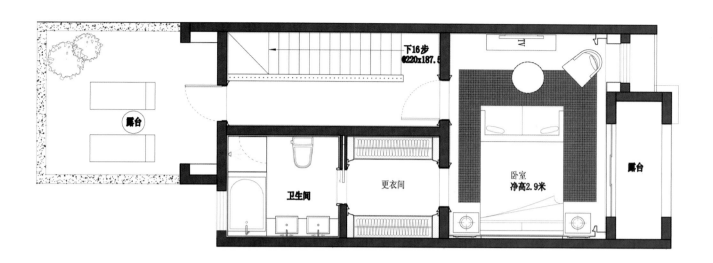

三层平面图

西安海珀·香廷

事业部：绿地集团西北事业部
甲方管控：彭银波

主要材料

雅士白大理石、手绘壁纸、白色喷漆饰面、深啡网纹大理石

设计灵感及理念

将淡雅法式风格运用于经典豪宅产品中。对平面功能规划、空间的梳理、层高及收纳系统进行了详细的优化处理。手绘墙纸与法式家具、纹样地毯的搭配给空间增添了法式奢华气息。

项目介绍

此项目位于西安"高新之心"，为海珀系列豪宅之一，户型面积有 150 平方米、180 平方米、240 平方米、300 平方米四种。交房标准为非精装交付。240 平方米为主力户型，样板房坐落在项目东侧，为搭建样板房，结合景观统一在样板区展示，样板房施工工期为 45 天。

该项目在前期产品海珀·兰轩的基础上做了一次系统的优化，包括建筑、结构、机电、室内、景观。室内设计的主要亮点为平面功能规划、空间的梳理和层高的最大化。

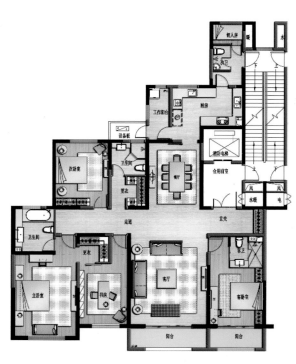

平面图

山东绿地普利中心

事业部：绿地集团山东事业部
甲方管控：尚文明

设计灵感及理念

    大堂设计运用弧线元素，形成动感十足的吊顶。这为硬朗的办公空间注入几分柔美。在走廊、电梯厅等公共空间，设计简练素雅，打造出现代简约的空间形象。

项目介绍

    目前，绿地山东公司承担多个山东省的重点工程，项目开发类型涉及超高层、商业综合体、高端住宅、甲级办公、星级酒店等，总投资超过千亿元。在济南先后开发了卢浮公馆、国际花都、300 米济南第一高楼绿地普利中心、700万平方米国际大都汇滨河国际城、世界级城市综合体绿地缤纷城、高铁核心城市综合体中央广场。

    在山东省众多项目中，"绿地普利中心"建成后无疑是济南市乃至整个山东省的新地标。

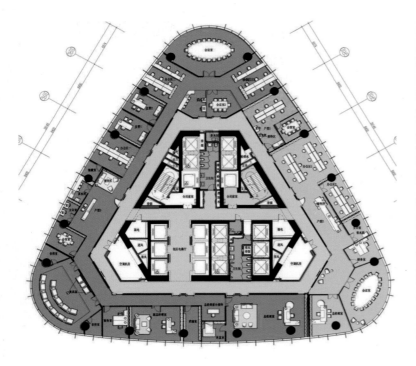

一层平面图

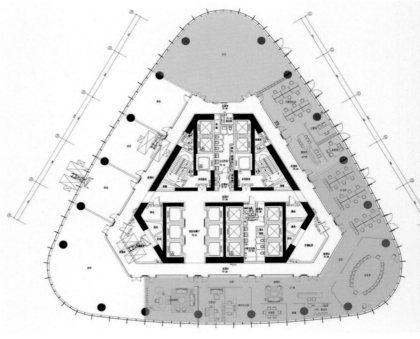

二层平面图

郑州高铁·绿地之窗 D3

事业部：绿地集团中原事业部
甲方管控：刘俊丽

主要材料

白色烤漆板、铝板、啡慕斯大理石、雅士白大理石

设计灵感及理念

将其设计得方正而完整，在大尺度的体量中，以细腻的"点睛"手法在大面积的纯净材质上有神来之笔的突破，大气而不失精致，赋予空间灵性和气势。

项目介绍

郑州高铁·绿地之窗项目位于郑东新区商住物流园区，郑州综合交通枢纽核心区的高铁新客站站前西广场。该项目定位为：新城市中心商务、商业综合体，是集交通枢纽、商务商贸、文化娱乐于一体的综合体。

整个绿地之窗项目分为四个地块，本次上报的是 D3 地块办公楼。办公楼是整个建筑群中最高的两个双子塔楼——150 米高的 5A 甲级写字楼，总建筑面积 188 066.96 平方米。

绿地之窗 D3 地块办公楼定位为 5A 甲级办公，主要市场导入对象为中部地区大中型企业总部、国内大型企业办事处等。整体设计突出现代高端商务办公空间的简洁、大气和品质感，以具有时代气息的现代风格为基调。整个室内空间，

通过相邻界面间材质的对比、不同材质尺度和质感的对比，以及黑白线条的勾勒，在整体统一中寻求对比与变化，产生亦静亦动的效果，阳刚又不失柔情。

室内设计是基于建筑设计上的一种空间延续。首先要理解建筑要传达的语言，才能做到内外交融、表里如一，保证建筑空间效果的整体体现。首层大堂具有良好的空间形态和尺度，开间约 42 米，进深约 11 米，层高约 9.8 米。大堂核心筒室内方案的一个演变，源自中原事业部技术总监陈博的手稿，中间有一句灵魂性陈述"建筑中的小建筑"，对设计师颇有启发。经过几次关于开窗尺寸、材质做法甚至灯光投射方式和灯光色温的细节讨论，最后呈现给大家一个有"人情味"的办公大堂。

云峰座A   BLOCK YUNFENG

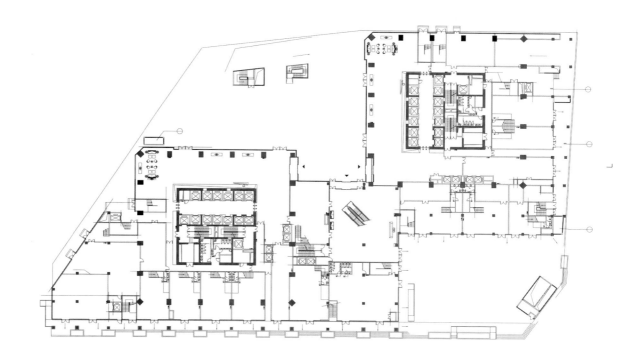

平面图

南昌紫峰大厦

事业部：绿地集团江西事业部
甲方管控：朱莉娅

主要材料

黄色石灰华大理石、灰麻花岗岩、铝板、钢化玻璃

设计灵感及理念

运用白色网格形元素，将吊顶与墙面连接成一个整体，让整个空间显得纯净但富有震撼力。在办公空间内，运用黑白对比的配色，在划分出不同使用空间的同时，也将时尚与现代的气息引入严肃的办公环境中。

项目介绍

该项目是集住宅、酒店、商业和写字楼于一体的世界级城市综合体，占地面积70万平方米。268米超高层地标建筑定义了南昌东部。项目内含国际甲级写字楼及五星级酒店、大型购物中心，以超前的规划、一流的设计构建起南昌东西罕有的世界级建筑，树立南昌未来的"城市之窗"，同时也激活了南昌城东这最具发展价值的城市板块。所谓城市综合体，就是将城市中的商业、办公、居住、旅店、展览、餐饮、会议、文娱和交通等城市生活空间的三项以上进行组合，并在各部分间建立一种相互依存、相互助益的能动关系，从而形成一个多功能、高效率的综合体。城市综合体具备了现代城市的全部功能，所以也被称为"城中之城"。

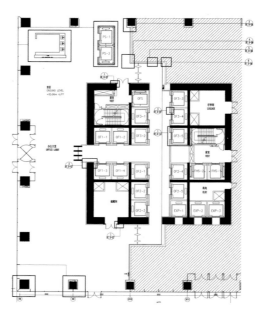

平面图

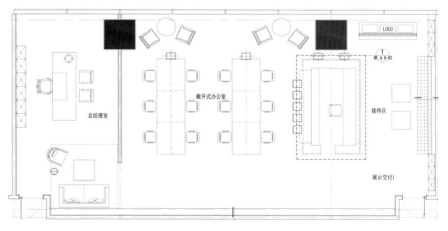

平面图

济南绿地缤纷城

事业部：绿地集团山东事业部
甲方管控：尚文明

设计灵感及理念

    入口大堂采用"魔方"的设计理念，寓意在快速发展的今天，须具有敏捷、立体的思维来主导我们的工作和生活。材质主要为金属铝板、石材、瓷砖、矿棉板等，在立面上采用不同排列组合，营造室内的韵律和节奏感。

项目介绍

    绿地缤纷城项目为济南市西客站片区场站一体化（站区配套设施）工程，位于济南市槐荫区，北临济西东路，东临站东路，南临站前路，西至京沪高铁济南西站，是集办公、商业、酒店于一体的大型综合体项目。

    办公楼设计风格现代简约，能够充分体现商务、快捷、时尚的办公体系。

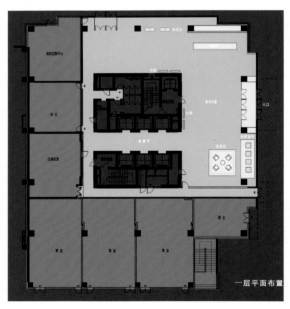

一层平面图

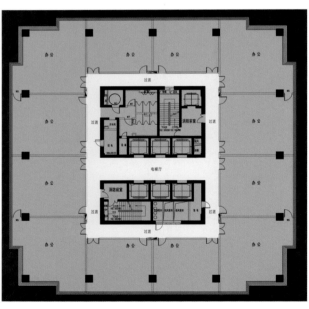

二层平面图

上海卢湾 917 精品办公

事业部：绿地集团事业二部
供稿：俞美茹

设计灵感及理念

从价值观和信仰层面入手，延续巅峰上海最虔诚的怀旧和最大化的创新。设计手法上将古典对称和现代简约的线条完美结合，同时融入了"镂空"的剪纸艺术和"麦穗"的编织造型，勾勒出现代企业欣欣向荣的景象。

项目介绍

卢湾917精品办公项目坐落于上海新黄浦区龙华东路、日晖东路交会处，紧临绿地集团。优越的地理位置使它肩负着既要体现集团的商业地产企业形象，又要保留"海派印象"及体现百年卢湾的历史文化内涵的使命。基于以上因素，项目从建筑景观到室内都运用了有别于传统办公产品的 Art Deco 设计风格，大堂的编织铝板、墙面米黄洞石及地面带有羽毛图案金点缀饰的羽钻；优雅的米色、知性的浅啡色、高贵的灰色和浓郁的祖母绿演绎了独特的色彩美学；通过卢湾历史人文底蕴与海派文化的结合，空间彰显出海派文化的包容和开放特质，呈现出现代、有艺术气息的精品办公产品形象。位于二楼的是包含贵宾接待室、视频会议室、红酒雪茄吧、培训室等空间的功能齐全的企业会所，为高端企业主提供了完美的客户体验。

一层平面图

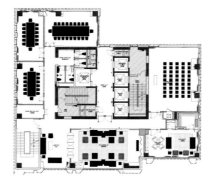

二层平面图

南京绿地之窗办公

事业部：绿地集团苏南事业部
供稿：杨晓娟

设计灵感及理念

　　南京绿地之窗办公样板房打破成规，打造定制式服务，以简单样式彰显不凡的魅力与气质，为使用者提供了一个舒适、安静、精致、高挑和开敞的环境。

项目介绍

　　本案是继紫峰大厦之后的又一力作，层高 6.6 米的 loft，是南京唯一 6.6 米极致挑高空间，可分割为两层，层层均达甲级办公层高，还可以按需自由分割，提高空间利用率。每一个空间的规划都在发掘人与空间的关联性。

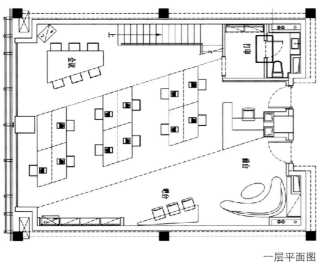

一层平面图

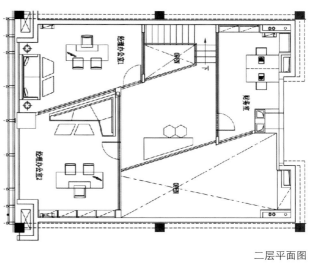

二层平面图

绿地杭州大关路 1 号办公楼

事业部：绿地集团事业一部
供稿：郁巍巍

设计灵感及理念

　　本案以现代装饰手法完成不同性质的空间塑造。以"商务休闲，人性办公"为设计主旨，利用现代装饰材料以及灯光、色彩、造型等多种设计手段，体现人性化的商务休闲办公环境。

项目介绍

　　整个大堂采用统一和谐的米色、咖啡色，穿插暖色的灯光和家具，简洁大气。菱形地毯配合方形大理石茶几，与墙面几何造型相互辉映，于简洁中体现现代设计中的线条美。从电梯厅延伸至大堂的啡慕斯石材，使大堂和谐统一。电梯厅顶部的透光板设计，保证光线充足，营造一个明亮而又通透的电梯空间。

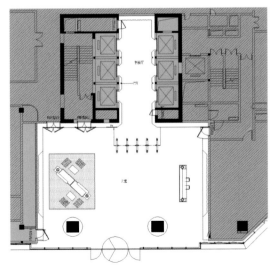

平面布局图

图书在版编目（CIP）数据

绿地集团室内作品 / 绿地集团编著 . -- 南京 ：江苏凤凰科学技术出版社，2015.4
  ISBN 978-7-5345-9427-4

  Ⅰ．①绿… Ⅱ．①绿… Ⅲ．①室内装饰设计－作品集－中国－现代 Ⅳ．① TU238

  中国版本图书馆 CIP 数据核字（2014）第 257444 号

绿地集团室内作品

编　　　著	绿地集团
责 任 编 辑	刘 屹 立
特 约 编 辑	赵　 萌

出 版 发 行	凤凰出版传媒股份有限公司
	江苏凤凰科学技术出版社
出版社地址	南京市湖南路 1 号 A 楼，邮编：210009
出版社网址	http://www.pspress.cn
总 经 销	天津凤凰空间文化传媒有限公司
总经销网址	http://www.ifengspace.cn
经 销	全国新华书店
印 刷	深圳市新视线印务有限公司

开 本	1 020 mm × 1 040 mm 1/16
印 张	19.5
字 数	156 000
版 次	2015 年 4 月第 1 版
印 次	2015 年 4 月第 1 次印刷

标 准 书 号	ISBN 978-7-5345-9427-4
定 价	328.00 元（精）

图书如有印刷质量问题，可随时向销售部调换（电话：022-87893668）。